元気が出る数学の授業

～高校数学教材集～

小澤茂昌

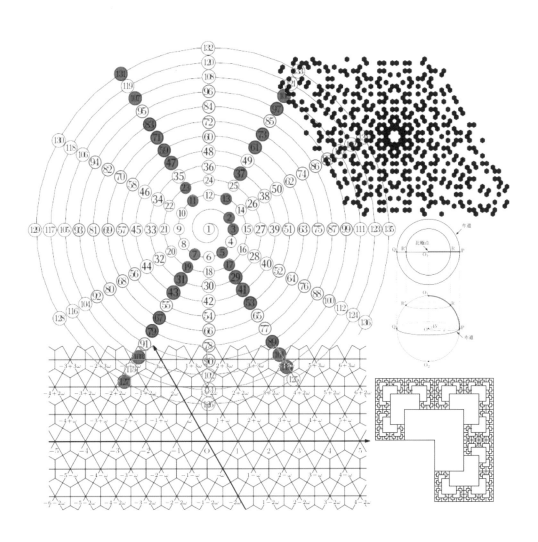

東京図書出版

はじめに

　本書のタイトルに使った「元気が出る」について少しふれておきたい。「元気が出る授業」，教師の一言，あるいは提示した課題から生徒が生き生きと活動する授業。それが私にとって元気が出る授業である。生徒も教師も1時間の授業を通して，生徒は次も学びたい，教師は次も教えたいと感じる授業のことである。教師サイドの「元気が出る授業」は教師が提示した課題に対して，生徒が一生懸命授業をすればいいであろう。では生徒はどうだろうか。生徒にとって「元気が出る授業」とは「わかった」または「できた」，「楽しかった」という感覚をはっきり感じることができる授業のことである。わかれば楽しい。できれば楽しい。しかし教材によっては，よくわからないけど楽しい教材もある。この教材集は，この生徒の3つの感覚の少なくともひとつを刺激する授業教材集である。

　なお普通の教科授業研究の発表とは異なり，私がまとめようとしているのは教材なのだから，生徒の実態は極力排除した。普通の指導案と違ってそこには生徒の姿はない。生徒がいない指導案というのもめずらしいかも知れない。私も作ってみてこんなにも教師の活動が少なくシンプルでいいのかと思ったほどである。なぜ生徒の実態がないかというと，それはこの教材を見た教員自身が自分の指導している生徒の実態に応じて，その教材を利用した授業を考えて欲しいからである。生徒の活動の結果も載せてはあるものもあるが，それはあくまでも教材を提示した1つの結果としてみてほしい。それほど教材の力で，生徒を動かすことのできるものばかりである。そう元気が出てくるのである。

　ある教材においては，こんな基本的なところから進めなくてもいいだろうと感じる教材もあると思う。本時の目的を考え，各先生方で自分の指導する生徒の実態と照らし合わせて授業を組み立てて欲しい。もう一度繰り返すが，私が研究しているのは教材なので，まだ授業として成立していない教材も中にはある。時には難問だったり，授業で指導する内容でなかったりする。しかしそういった知識は数学の授業には必要である。教科書を教えるのではなく数学を教えて欲しい。そのための元気教材なのである。

　毎日多忙な日々を先生方は過ごしているだろう。そのわずかの時間で元気にふれてもらうために，すべてではないが授業資料を巻末に載せてあります。頁をコピーして，必要でない部分をホワイト(修正液)で消せばすぐに元気教材ができるようになっています。Web上にもあります。あとそれを拡大機で大きくして使用してもいいし，プリント配布して使用することもできます。以上の視点に立ったプロの数学教師がプロの数学教師に送る数学教材集だと思っていただきたい。なお本書をまとめるにあたって，空白ができたところにできる限り関連する教材の元気話を挿入した。あわせてお読みいただければ幸いである。

目 次

第1章 数学 I

1.1 数と式

1.1.1 山手線駅決定マジック

これは数学セミナー 2003 年 6 月号に載った問題です。以下は記事の内容です。

これは，かなり前に「ナポレオンズ」がやっていた出し物です。今年の 1 月 3 日の夜に，Mr. マリックもこれをやっていました。

T 「さあ，みなさん 7 以上の数を自由に考えてください。あまり大きいと後で円上のコースを回るのが大変なので手頃な数で…。」

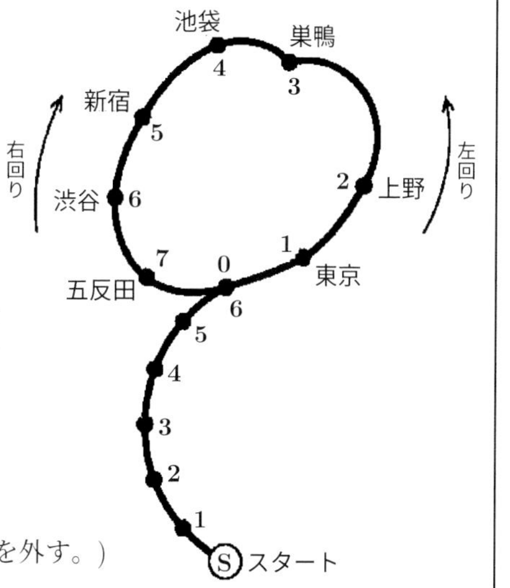

池袋
巣鴨
新宿
右回り
渋谷
五反田
上野
左回り
東京

T 「決まりましたか？ ではスタートの次から 1, 2, 3, 4, … と数えて，6 の点からは，まず左回り (東京，上野方面) に周っていきます。一度山手線の中に入ったら山手線の駅を順に回ります。下の直線のコースには戻らないでください。さあ着いた駅は決まりましたか？」

(着いた駅が確認できたら下の直線のコースを外す。)

スタート

T 「いま，みなさんはどこかの駅にいるはずです。そこから今度は初めに思い浮かべた数だけ右回りに駅をたどってみてください。」

(再度着いた駅を確認した後)

T 「たぶん，みなさんは，巣鴨にはいないはず…，新宿にもいないはず…。」

(駅名のラベルをどんどん外していく。)

そして，ここは演者の工夫のしどころですが，Mr. マリックはステージの袖からハンカチで隠した像を持ってきました。ハンカチを取ると，それは「西郷隆盛の像」で上野駅を示唆します。つまり全員「上野駅」にたどり着いているのです。

T 「自由に考えた数なのに，どうして全員一緒の所になるのだろう…。」となるのです。

(数学セミナー 2003 年 6 月号 P73 抜粋及び加筆)

　以上で問題は終わりです。数学セミナーではこの後，剰余での説明があるのですが…，簡単に一言，n 回左回りに回って，n 回右回りに回るのだから当然スタートにあたる上野駅になる。かなりの生徒が気がつくはずです。アクティブラーニングの教材にいかがでしょう。そうそう地域によっては山手線の説明をお忘れなく。ずーっと周回している電車なんて都会にしかないからです。

1.2　集合と命題

1.2.1　ウソつきは嫌い！

　論証の考え方は中学 2 年生から図形を使って学んでいきます。でも図形じゃなくてもいいじゃないの？　ということで言葉遊びからの問題です。こっちの方がとっつきやすいかも…。

> 問. 校庭に男の子と女の子が 1 人ずついました。「私は男の子！」と黒い帽子の子供が言いました。「私は女の子！」と赤い帽子の子供が言いました。2 人のうち少なくとも一方がウソをついています。どちらが男の子で，どちらが女の子でしょうか？

どうでしょう？　わかりましたか？

	場合①	場合②	場合③	場合④
黒帽	本当：男	本当：男	ウソ：女	ウソ：女
赤帽	本当：女	ウソ：男	本当：女	ウソ：男

　以上の 4 つの場合で考えると，少なくとも一方がウソをついているという条件と男女 1 人ずついるという条件から④の場合だけがあてはまります。

　もうひとつ，

> 問. 3 人のうち，正直者は 1 人で残り 2 人はウソつきです。3 人の会話から正直者を見つけてください。
> A「わたしは正直者です。」
> B「A はウソつきです。わたしが正直者です。」
> C「B はウソつきです。本当はわたしが正直者です。」

どうでしょう？　すぐわかりましたか？

	場合①	場合②	場合③
A	正直(A: 正直)	ウソ(A: ウソ)	ウソ(A: ウソ)
B	ウソ(A: 正直 B: ウソ)	正直(A: ウソ B: 正直)	ウソ(A: 正直 B: ウソ)
C	ウソ(B: 正直 C: ウソ)	ウソ(B: 正直 C: ウソ)	正直(B: ウソ C: 正直)

　これも落ちついて分析するとわかりますね。場合①は C が，場合③は B の言葉がおかしくなります。よって正解は場合②です。(この文は東京書籍の中学校の教科書から引用しました。)
　集合を考えるときにはベン図を利用するとかなりわかりやすいです。2012 年に 11 種類のベン図が発見されたようです。4 種類のベン図を P54 に載せておきました。この頃の文章が長い問題にもしかしたら使えるかもしれません。

1.2.2 逆

集合と命題の中に「逆」があります。

　　仮定と結論とが入れかわっている 2 つのことがらがあるとき，一方を他方の逆という。

まぁ，なんて味気ない言葉，まだまだ「対偶」というのもあります。

「逆」をテーマに授業の導入に使えないかなぁということで「逆の顔」を紹介します。Wikipediaでは「サッチャー錯視」という頁に解説があります。以下は数学セミナー[1]からの文です。

1.2.2.1　逆の顔

　　人の顔を逆さまに見ることがあまりないせいか，人間は上下逆さまになった人間の顔の認識能力にはあまり優れていないようである。図は心理学では有名な写真であるが，これを見て読者はなにを見たであろうか。100 人中 100 人は微笑んでいる女性と思ったのではないかな。しかし，この本を逆さまにしてもう一度見直してほしい。

図. サッチャー効果 (ピーター・トンプソンによる)

　　人間の顔は左右対称ではあるが完璧ではない。微妙に左右が違うのである。だから人の顔写真のちょうど中央の軸に鏡を立てて，顔の左半分を右半分に拡張した顔とか，右半分を左半分に拡張した顔を見てみるとずいぶん印象の異なった顔が見える。いつも見慣れている友だちの顔を鏡の中の像として見るとなんとなく妙な感じがするのはそのせいである。(これを左右の逆転だとむし返さないように，あなたが見ているのはあくまでも右手系と左手系が逆転した裏返しの友だちなのである。)

　　数学の「逆」とは関係ないが，逆つながりで紹介すると授業が盛り上がるのではないかと思いました。逆だからといって油断してはいけません。逆は全く別物です。私もだまされました。

---

[1] 1991 年 3 月号 P9「逆ア・ラ・カルト 逆理風」

1.3 2次関数

1.3.1 放物線は相似？ (資料 P145 参照)

指導内容	学 習 活 動	備 考
関数 $y = ax^2$	・今日は放物線と相似の関係を探っていきます。最初に復習で関数 $y = ax^2$ のグラフを書いてみよう。 問. 次の関数のグラフを書きなさい。 ① $y = x^2$　② $y = \frac{1}{2}x^2$ 	・持ち物：電卓 ・生徒用ワークシート(P145)を配布する
相似の意味	問. 放物線は相似といっていいだろうか？ ・相似かもしれない。 ・同じ形には見えない。 ・どうやって確かめればいいんだろう。 問. 目盛りが異なる座標平面上に書いてみよう！ ① $y = x^2$　② $y = \frac{1}{2}x^2$　③ $y = \frac{1}{4}x^2$ ・同じ形になった。 ・相似だ！	・生徒用ワークシートを配布する

指導内容	学　習　活　動	備　考
関数 $y = \dfrac{a}{x}$	・双曲線は相似だろうか？ 問. 今度は目盛りを考えながら双曲線を書いてみよう！ 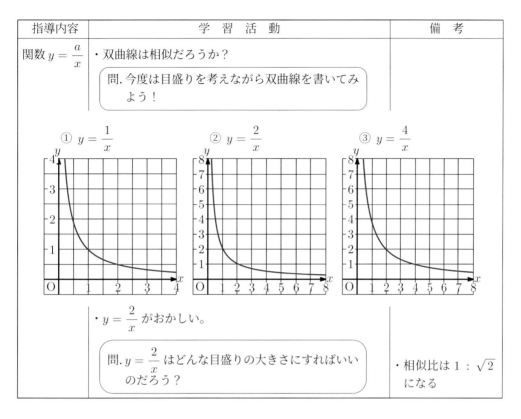 ・$y = \dfrac{2}{x}$ がおかしい。 問. $y = \dfrac{2}{x}$ はどんな目盛りの大きさにすればいいのだろう？	・相似比は $1 : \sqrt{2}$ になる

1.3.2　ブリキ板からできる長方形

　２次式の平方完成の大切さを感じさせる問題を考えました。

問. 幅 30 cm のブリキ板で樋（とい）を作ります。断面積を最大にするには何cm折ればいいのだろう？

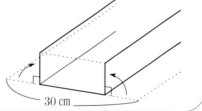

30 cm

折った長さ (cm)	1	2	3	4	5	6	7	8	9	10
横の長さ (cm)	28	26	24	22	20	18	16	14	12	10
面積 (cm²)	28	52	72	88	100	108	112	112	108	100

　定番の問題を少し改良しました。対応表で考えると最大値が２つでてきて，生徒が悩む問題ということです。平方完成を学んだ後でも，学ぶ前でも授業目標に応じて使ってください。でもこの頃の生徒は素直だから「この２次関数は２カ所で最大値をもつんだね。」と言ったらうなずく生徒がいそうで恐いなぁ〜。

$$S = x(30 - 2x)$$
$$= -2x^2 + 30x$$
$$= -2\left(x - \frac{15}{2}\right)^2 + \frac{225}{2}$$

1.3.3　最遠問題

あるコラムに以下の問題が載っていました，まずは考えてみてください。

問. 立方体を 2 つつなげた直方体を考えます。
一つの頂点を A としたとき，立体の表面
を通る折れ線で A から一番離れている点
はどこにあるのでしょう？

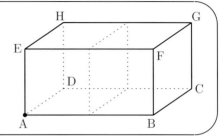

簡単そうですね。「点 G に決まってるじゃん！」という声が聞こえてきそうです。しかしそうではないのです。検証してみましょう。

正方形の一辺の長さを a とするとき，

$$\ell_1^2 = (2a)^2 + (2a)^2$$
$$= 8a^2$$
$$\ell_1 = 2\sqrt{2}\,a = \frac{\sqrt{128}}{4}a$$
$$\ell_2^2 = (3a)^2 + a^2$$
$$= 10a^2$$
$$\ell_2 = \sqrt{10}\,a = \frac{\sqrt{160}}{4}a$$

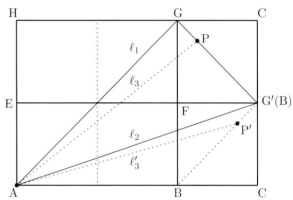

通る辺 (EF か BF) によって長さが異なります。よって最短は ℓ_1 になります。

　ここで点 G と点 B を結ぶ対角線上を動く動点 P を考えます。点 G から点 P までの横方向距離を t とすると点 A を原点としたときの G の座標は G$(2a+t, 2a-t)$, G$'(3a-t, a-t)$ と表すことができます。この点 P は G から B に対角線に沿って移動すると辺 EF と通る長さ (ℓ_1) は長くなりますが，辺 BF を通る長さ (ℓ_2) は短くなります。さてどこで同じになるのでしょうか，計算してみましょう。

$$\text{AP}^2 = (2a+t)^2 + (2a-t)^2 \qquad \text{AP}'^2 = (3a-t)^2 + (a-t)^2$$
$$= 8a^2 + 2t^2 \qquad\qquad\qquad = 10a^2 - 8at + 2t^2$$
$$\text{AP}^2 = \text{AP}'^2 \text{ より } 8a^2 + 2t^2 = 10a^2 - 8at + 2t^2$$
$$8at = 2a^2$$
$$t = \frac{1}{4}a$$
$$\text{これより } \ell_3^2 = 8a^2 + 2 \times \left(\frac{1}{4}a\right)^2 = \frac{65}{8}a^2$$
$$\text{よって } \ell_3 = \frac{\sqrt{130}}{4}a$$

　この問題が授業で使えるかは各先生方に考えてもらうとして，授業中の話題としては取り上げてもいいかな？ って感じました。この問題はマーチン・ガードナーの「現代の娯楽数学」の中に載っていて，発見者は日本人数学者小谷善行 (東京農工大学教授) さんだそうです。「数学のひろば」大日本図書より引用しましたが，詳しい説明は 1996 年 9 月号の数学セミナーの「エレガントな解答をもとむ」の解説をご覧下さい。

1.4 図形と計量

1.4.1 三角比

1.4.1.1 ピタゴラスの定理の復習 〜正方形埋め込みパズル I, II〜 (資料 P148 参照)

> 問. AB = 5 cm, BC = 4 cm, CA = 3 cm の △ABC を書きなさい。

直角三角形になりましたか？ みなさんも知っている通り 3 : 4 : 5 の辺の比の三角形は直角三角形になります。ピタゴラスの定理または三平方の定理といいます。3, 4, 5 や 5, 12, 13 の数の組をピタゴラス数といいます。これは皆さんも知っているとおり $a^2 + b^2 = c^2$ が成り立つ数の組です。ピタゴラス[2]はどうやってこの性質を発見したのか知っていますか？

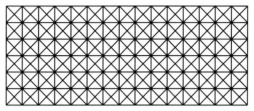

毎日，仕事場に向かう道にある石畳の模様から発見したと伝えられています。前日には雨が降って石の色が変わっていたとも伝えられています。1 つの直角二等辺三角形に注目したとき，斜辺からできる正方形の面積と直角を挟む残りの 2 辺をそれぞれ一辺とする正方形の面積の和に等しいことに気がついたのです。

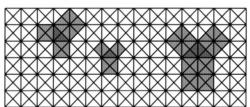

このようにピタゴラスは最初，面積の関係 $(P + Q = R)$ からピタゴラスの定理を発見しました。ということで今日は直角を挟む辺を 1 辺とする 2 つの正方形の面積が斜辺を 1 辺とする正方形に等しくなるというパズルをやりましょう。

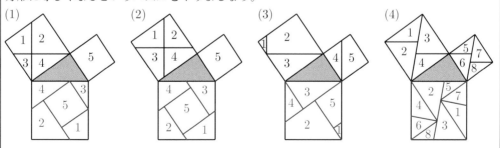

(切り方の違いは異なる証明方法を示している。(1) は改定前の学校図書の中学校の教科書に載っていた切り方である。(4) は部品の数は多いが 4 種類の部品である。)
注意. 部品切り取り用と貼付用が必要なので，生徒人数の倍のワークシートが必要。

---

[2]Pythagoras BC582-BC496

1.4.1.2　三角比　〜三角定規と三角比〜

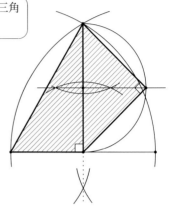

> 問. 大きさは各自で決めていいです。三角定規の形の三角
> 　　形を書きなさい。

・自由に書かせていい。
・2 つの直角三角形は独立の関係ではないことを告げ
　る。(お母さんが正三角形の方の高さと，正方形の方
　の対角線の長さが等しい。)
・教師の指導用の大三角定規で形を示すのもいい。
・2 つの離れた直角三角形の作図は簡単だが，正解の
　右図を書くのはかなり困難と思われる。
・最初は自由に書かせてから，次の段階で右図を書か
　せるように指示してもいい。

> **三角定規の話**
> 　どうやって三角定規の形が決められたのか知っていればすぐに作図ができます。一
> つは正三角形から，もう一つは正方形からできています。そしてそれらを二等分した
> 線は正三角形は高さ，正方形は対角線ですね。どちらも図形を考えるときには大切な
> 線です。そして 2 つの三角定規の関係は切り取った高さと対角線の長さが等しくなり
> ます。自分の三角定規で確かめてみましょう。この 2 つの三角形の辺の比は知ってい
> ますね。$1 : 2 : \sqrt{3}$ と $1 : 1 : \sqrt{2}$ です。
> 　大昔，数学を学ぶ者の武器としてコンパスは剣，三角定規は盾にみたてて発展して
> きました。数学を学ぶ者の剣と盾は人を殺す道具ではないのです。盾に相当する三角
> 定規が 2 つあることも，人間の手は 2 本しかないことから，最後は剣に相当するコン
> パスを捨ててでも，盾を 2 つ取って身を守れと教えているとも考えられます。ここに
> 数学の底辺にある平和を愛する精神が感じ取れます。

・正弦 (sin)・余弦 (cos)・正接 (tan) の定義
$$\sin A = \frac{a}{c} = \frac{(高さ)}{(斜辺)}, \quad \cos A = \frac{b}{c} = \frac{(底辺)}{(斜辺)}, \quad \tan A = \frac{a}{b} = \frac{(高さ)}{(底辺)}$$

> 問. 次の三角比を求めなさい。
> 　(1) $\sin 30°$　(2) $\cos 30°$　(3) $\tan 30°$
> 　(4) $\sin 45°$　(5) $\cos 45°$　(6) $\tan 45°$
> 　(7) $\sin 60°$　(8) $\cos 60°$　(9) $\tan 60°$

1.4.1.3　三角比表　〜先人の学びを感じよう！　三角比の発見〜 （資料 P150 参照）

　三角比を学ぶときに大切なことは，大昔から知られている値ではあるが，当時は無理数の概
念がなかったため，求められる三角比の値は $\sin 30° = \dfrac{1}{2}$，$\tan 45° = 1$，$\cos 60° = \dfrac{1}{2}$ しかな
かったのです。これ以外の値はすべて実測値で伝えられてきたのです。一昔前には「数表」と
いう数だけの本がありました。三角比が数式で表されるようになるまで実測値の値が用いられ
てきたのです。そこでその先人達の苦労を生徒にもわずかではあるが感じてもらうために次の
教材を設定しました。それぞれの角度における直角三角形を作り長さを測ることで二角比を求
めるのです。正接 (tan) の値は電卓で計算します。すべてを 1 人で調べるのはかなり大変なの
で，グループで分担を決めて取り組むよう指示してから実測させていきます。(次頁参照)
　注意. 印刷機を使うと円の半径 10 ㎝ の長さがずれるので，プリンターで生徒数分を印刷する。

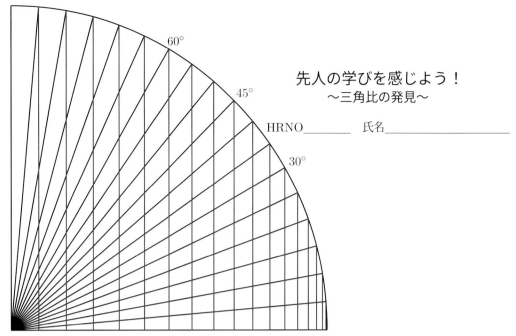

先人の学びを感じよう！
～三角比の発見～

HRNO_____　氏名_____

(1) 知っている三角比の値を確認しよう。

$\sin 30° = \dfrac{5.0}{10} = $ ① 0.50 ,$\cos 30° = \dfrac{8.7}{10} = $ ② 0.87 ,$\tan 30° = \dfrac{① \ 0.50}{② \ 0.87} = $ 0.57

$\sin 45° = \dfrac{7.1}{10} = $ ① 0.71 ,$\cos 45° = \dfrac{7.1}{10} = $ ② 0.71 ,$\tan 45° = \dfrac{① \ 0.71}{② \ 0.71} = $ 1.00

$\sin 60° = \dfrac{8.7}{10} = $ ① 0.87 ,$\cos 60° = \dfrac{5.0}{10} = $ ② 0.50 ,$\tan 60° = \dfrac{① \ 0.87}{② \ 0.50} = $ 1.74

(2) すべての三角比を求めてみよう。(※ $\tan\theta$ は $\sin\theta \div \cos\theta$ を計算した値, すべて小数第 3 位四捨五入)

θ	$\sin\theta$	$\cos\theta$	$\tan\theta$
5°	0.09	1.00	0.09
10°	0.17	0.98	0.17
15°	0.26	0.97	0.27
20°	0.34	0.94	0.36
25°	0.42	0.91	0.46
35°	0.57	0.82	0.70
40°	0.64	0.77	0.83
50°	0.77	0.64	1.20
55°	0.82	0.57	1.44
65°	0.91	0.42	2.17
70°	0.94	0.34	2.76
75°	0.97	0.26	3.73
80°	0.98	0.17	5.76
85°	1.00	0.09	11.11

(許容する誤差の範囲を指示する。基本 0.01～0.03)

1.4.1.4　鈍角の三角比の定義　〜ギリシャ文字〜

問. 角度の大きさが 90° より大きな鈍角では，三角比はどうなるんだろう？

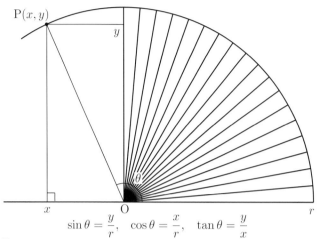

$$\sin\theta = \frac{y}{r}, \quad \cos\theta = \frac{x}{r}, \quad \tan\theta = \frac{y}{x}$$

・特別な三角比の値 (0°, 90°, 180°)

・y と r は正の数だが x は角の頂点を原点 O とした長さなので負の数なのに注意させる。

・θ が新出語句なのでギリシャ文字の話をする。(時間があれば小文字だけでも α から ω まで書かせたい。ただし日本語の漢字の書き順と違い西洋では書き順はあまり気にしないようである。)

(参考文献: 数学セミナー 2012 年 6 月号 P19「数学記号とギリシャ文字について」)

　新出の記号は最初に書いた書き順で一生書き続けることが多い。その責任を教師は背負っていることを感じてほしい。私はシグマの大文字が 213456，小文字が 4321 の順になっていた。

1.4.1.5 三角比の利用 〜川幅の長さ〜

> 問. 川幅の長さを測るためには，どんなことがわかれば求められるのだろう。ただし向こう側へは行けないとします。

(1) 川幅ABを $x\,\mathrm{m}$ として $\mathrm{BC} = 8\,\mathrm{m}$,
$\mathrm{CD} = 3\,\mathrm{m}, \mathrm{DE} = 5\,\mathrm{m}$ のときは
$\triangle \mathrm{ABC} \backsim \triangle \mathrm{EDC}$ より
$$x : 5 = 8 : 3$$
$$x \fallingdotseq 13.3\,(\mathrm{m})$$

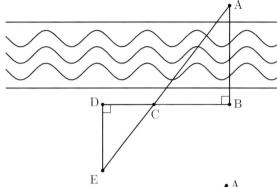

(2) 川幅ABを $x\,\mathrm{m}$ として $\theta = 34°$,
$\mathrm{BC} = 20\,\mathrm{m}$ のときは三角比より
$$x = 20\tan 34°$$
$$x \fallingdotseq 20 \times 0.6745$$
$$x \fallingdotseq 13.5\,(\mathrm{m})$$

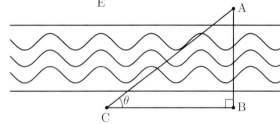

> 問. B の所に障害物があって目印が立てられないときはどうすればいいのだろうか。

(3) 川幅ABを $x\,\mathrm{m}$ として $\alpha = 30°$,
$\beta = 45°, \mathrm{CD} = 10\,\mathrm{m}$ のときは
$$(2x)^2 = (x+10)^2 + x^2 \qquad \left(\frac{x}{10+x} = \frac{1}{\sqrt{3}} \right)$$
$x^2 - 10x - 50 = 0$
$x > 0$ より
$$x = 5 + 5\sqrt{3}\,(\mathrm{m})$$
$$x \fallingdotseq 13.7\,(\mathrm{m})$$
一般的には
$$x = \frac{\tan\alpha \cdot \tan\beta}{\tan\beta - \tan\alpha}\cdot\mathrm{CD} = \frac{\sin\alpha \cdot \sin\beta}{\sin(\beta - \alpha)}\cdot\mathrm{CD}$$

((3) は川の幅よりも山の高さの方がイメージがつかみやすい，現実の山において B の地点にたどり着くことは不可能だからである。ここではテーマを川に共通させた。(3) においては $30°, 45°, 60°$ の有名角ではなく，三角比表を用いなければ求めることができない角の方がいいかもしれない。)

> 注意. ここでの指導は角度に注目させることである。中学での指導は縮図等で行っているがあくまでも辺の長さが最重要であった。((1) 参照) ここでは角がわかればなんとかなるという感覚が大切である。問題を考えさせるか，方法を考えさせるかは授業者の判断にお任せする。

1.4.2　三角形への利用

1.4.2.1　三角形の外接円　～正弦定理～

> 問. △ABC を書き，△ABC の外接円を書いてみよう。

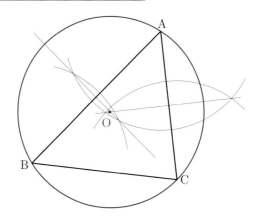

・外接円は新出語句だが中学 1 年の垂直二等分線における作図の練習で経験済みである。

> 問. ∠A $= 30°$, BC $= 4$ cm のどんな形でもかまいません。△ABC を作り △ABC の外接
> 円を書いてみよう。

　半径を測ってみよう。

> 問. どうしてみんなの形が異なる三角形の外接円の半径が同じになったのだろう？

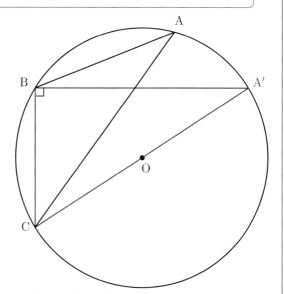

$$\sin A' = \frac{a}{2R} \text{ より}$$

$$\frac{a}{\sin A} = \frac{b}{\sin B} = \frac{c}{\sin C} = 2R$$

(鈍角の角度, 右図だと ∠B の場合
は $\sin(180° - \theta) = \sin\theta$ を利用す
る。)

(・∠A の大きさを変えないで △ABC を直角三角形にできないだろうか？)
(鈍角の場合の授業はこれ以降ならどこでも可。)

1.4.2.2　2辺と1つの角の決まった三角形　〜正弦定理の利用〜

問.中学で学習した三角形の合同条件に"2辺とその間の角"があったけど，どうして"2辺と1つの角"ではだめなんだろう？

問.次の △ABC を書きなさい。
　(1) AB = 6 cm，AC = 8 cm，∠B = 30°
　(2) AB = 6 cm，AC = 6 cm，∠B = 30°
　(3) AB = 6 cm，AC = 4 cm，∠B = 30°

(1) の三角形を全員が書くことができたのを確認してから (2), (3) に挑戦させる。BC の長さや∠A, ∠C を実測させてできた三角形を全体で確認する。

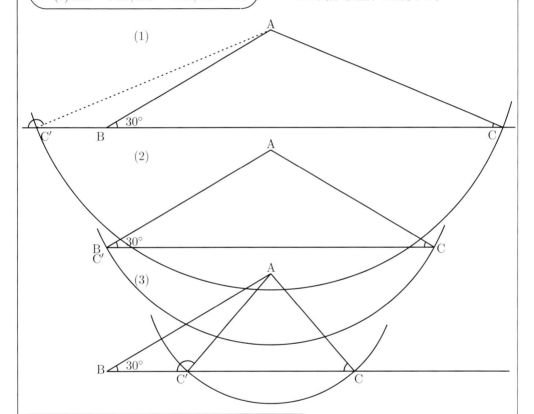

問.正弦定理を使って∠C の大きさを求めてみよう。　(余弦定理でも授業は可能である。)

(1) $b = 8$, $c = 6$, $\angle B = 30°$

$$\frac{8}{\sin 30°} = \frac{6}{\sin C}$$

$$\sin C = \frac{3}{8} = 0.375$$

$$\angle C ≒ 22°$$

$$\angle C' ≒ 158°$$

(2) $b = 6$, $c = 6$, $\angle B = 30°$

$$\frac{6}{\sin 30°} = \frac{6}{\sin C}$$

$$\sin C = \frac{1}{2}$$

$$\angle C = 30°$$

$$\angle C' = 150°$$

(3) $b = 4$, $c = 6$, $\angle B = 30°$

$$\frac{4}{\sin 30°} = \frac{6}{\sin C}$$

$$\sin C = \frac{3}{4} = 0.75$$

$$\angle C ≒ 49°$$

$$\angle C' ≒ 131°$$

((1) と (2) の∠C' は三角形の内角の和が 180° にならないため不適である (図参照)。)

1.4.2.3 特別な三角比の値その 1

問. 分かっている三角比の値を表にまとめてみよう。

θ	$0°$	$30°$	$45°$	$60°$	$90°$	$120°$	$135°$	$150°$	$180°$
$\sin\theta$	0	$\dfrac{1}{2}$	$\dfrac{1}{\sqrt{2}}$	$\dfrac{\sqrt{3}}{2}$	1	$\dfrac{\sqrt{3}}{2}$	$\dfrac{1}{\sqrt{2}}$	$\dfrac{1}{2}$	0
$\cos\theta$	1	$\dfrac{\sqrt{3}}{2}$	$\dfrac{1}{\sqrt{2}}$	$\dfrac{1}{2}$	0	$-\dfrac{1}{2}$	$-\dfrac{1}{\sqrt{2}}$	$-\dfrac{\sqrt{3}}{2}$	-1
$\tan\theta$	0	$\dfrac{1}{\sqrt{3}}$	1	$\sqrt{3}$	なし	$-\sqrt{3}$	-1	$-\dfrac{1}{\sqrt{3}}$	0

問. 三角比を求めることができる θ に共通する特徴はなんだろう？

・5 の倍数
・15 の倍数

θ が 15 の倍数のときは簡単に三角比を求めることができます。どうして 15° や 75° の三角比がないのだろう？ 図を書いて調べてみよう。

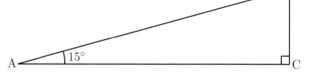

問. BC の長さを 1 としたとき AB の長さはどうなるのだろう？

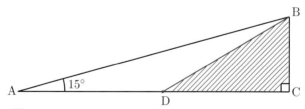

(点 B から $1:2:\sqrt{3}$ の $\triangle$DBC を作ってみよう！)

問. $\tan 15° = \dfrac{1}{2+\sqrt{3}} = 2-\sqrt{3}$ から正弦 (sin) と余弦 (cos) の値を求めてみよう。

$$AB^2 = (2+\sqrt{3})^2 + 1^2$$
$$= 8 + 4\sqrt{3}$$
$$= 8 + 2\sqrt{12}$$
$$= (\sqrt{6}+\sqrt{2})^2$$

$$AB > 0 \text{ より} \quad AB = \sqrt{6}+\sqrt{2}$$

$$\sin 15° = \frac{1}{\sqrt{6}+\sqrt{2}} = \frac{\sqrt{6}-\sqrt{2}}{4} \ , \ \cos 15° = \frac{2+\sqrt{3}}{\sqrt{6}+\sqrt{2}} = \frac{\sqrt{6}+\sqrt{2}}{4}$$

1.4.2.4 特別な三角比の値その 2

15 の倍数の三角比は根号の記号を用いてまぁまぁの形で表すことができます。もう一つまぁまぁの形になる角度は知っていますか？ 18 の倍数の三角比です。

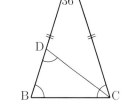

右のような頂角が 36° の二等辺三角形 ABC から始めます。正五角形の 2 つの対角線からできる二等辺三角形です。黄金三角形と呼ばれています。ここで一つの底角 (例. ∠C) の二等分線と対辺が交わる点を D とします。この図では CB = CD = DA，$\triangle$ABC $\backsim$ $\triangle$CBD です。ここで BC の長さを 1 として DB の長さを x とすると相似の関係より

$$(x+1):1 = 1:x \text{ これより } x = \frac{-1+\sqrt{5}}{2} \text{ より}$$
$$AB = \frac{1+\sqrt{5}}{2}$$

ここで AB の長さは黄金数と呼ばれる数で$\overset{ファイ}{\varphi}$で表します。この数は 2 次方程式 $x^2 - x - 1 = 0$ の解です。これより頂角の二等分線の直角三角形を考えると

$$\sin 18° = \cos 72° = \frac{\frac{1}{2}}{\varphi} = \frac{1}{2\varphi} = \frac{\varphi^2 - \varphi}{2\varphi} = \frac{\varphi - 1}{2} = \frac{-1+\sqrt{5}}{4}$$

です。また点 C から下ろした垂線で $\cos 36°$ の値を調べると

$$\cos 36° = \sin 54° = \frac{1 + \sin 18°}{\varphi} = \frac{1 + \frac{1}{2\varphi}}{\varphi} = \frac{2\varphi + 1}{2\varphi^2}$$

ここで φ は $x^2 - x - 1 = 0$ の解であるので $\varphi^2 = \varphi + 1$

$$(与式) = \frac{\varphi + \varphi + 1}{2\varphi^2} = \frac{\varphi + \varphi^2}{2\varphi^2} = \frac{\varphi + 1}{2\varphi} = \frac{\varphi^2}{2\varphi} = \frac{\varphi}{2} = \frac{1+\sqrt{5}}{4}$$

ここで $\sin 54° - \sin 18° = \frac{1}{2}$ です。この問題を授業課題とするかはお任せするとして，この三角比が美しいかどうかは φ について理解しないと感動しないかもしれない。でも，美しい〜。

1.4.2.5 数の話．〜西暦の数〜 (次は本文 P37)

【2023】 整数列大辞典 A007093

20世紀から21世紀になって西暦の 1 の位の数が数内の最大数を表すことが多くなり10未満の n 進法で表した数として考える事ができるようになりました。

$2023_{(7)} = 2 \times 7^3 + 0 \times 7^2 + 2 \times 7 + 3$
$= 703$
$= 26^0 + 26^1 + 26^2$

「以前は中学校で n 進法を学習しましたが，今は高校の数Aに移動しています。また2023は $n = 20$ のときの n と $n+3$ を並べた数です。」(Oz)

【2024】 整数列大辞典 A014263

2024 を作る数はすべて偶数です。2024 はその数に含まれている数がすべて偶数である 133 番目の数です。

「2024が133番目から，意外と偶数だけで造られる数が少ないと感じました。21世紀になってからは 7 番目の数です。」(Oz)

$2024 = 45^2 - 1$
$= (45-1)(45+1)$
$= 44 \times 46$
$= 2^3 \times 11 \times 23$

【2025】 整数列大辞典 A061843

2025は三角数45の平方数です。

$$2025 = 45^2 = \sum_{k=1}^{9} k^3$$

各位に 1 を加えてできる数が平方数になる平方数です。

$(2+1),(0+1),(2+1),(5+1)$
$\rightarrow 3136 = 56^2$

「$\overset{すう}{数}$の事典 D・ウェルズ著から引用しました。1 つ前が 25，次が 13225 です。」(Oz)

1.5　データの分析

1.5.1　社会生活からの数学　〜麻雀 M リーグの試合より〜

　2023 年 5 月 2 日 (火) 麻雀の M リーグ 2022-23 シーズンセミファイナルは 4 日 (木) の最終日の 2 試合を残すのみとなりました。数学の問題に入る前にこの状況を少し説明します。8 チームでレギュラーシーズンを戦い，上位 6 チームが準決勝にあたるセミファイナルに進出します。セミファイナルは 6 チームで戦い上位 4 チームがファイナルに進出します。麻雀は 4 人 (チーム) で戦うことからセミファイナル最終日はレギュラーシーズンの上位 4 チームが戦います。よってレギュラーシーズン第 5 位と第 6 位でセミファイナルに進出した 2 チームは最終日は試合がありません。ようやく問題です。

> 問. 最終日に出場する 4 チームの前日までの得点が 338.6 点, 251.7 点, 110.8 点, −347.3 点のとき，この試合に参加できない 2 チームのうち上位にいるチームは何点もっていればファイナルに出場できることが確定できるのでしょうか？

　麻雀で対戦する 4 人 (チーム) の利害の和は 0 です。数学上は「四人零和有限不確定不完全情報ゲーム」です。「零和」というのは自分の得と相手の損は相殺されるということで，「有限不確定」は山に積まれた牌の情報が分からない状態ということ，「不完全情報」は遊戯するプレイヤーに全ての情報 (同じ卓の自分以外のプレイヤーの手牌の情報) が公開されていないということです。将棋や囲碁は「二人零和有限確定完全情報ゲーム」です。問題に戻りましょう，何点もっていればファイナル出場確定かわかりましたか？

$$(338.6 + 251.7 + 110.8 − 347.3) \div 4 = 88.45$$

　最終日に試合する 4 チームの前日の得点の平均点 88.45 点を上回る 88.5 点をもっていれば，最終日の試合結果に関係なくファイナルに進出できます。ただしファイナルに進出する 4 チームは確定できません。試合のない 2 チームは得点が変化しないことから，2 チームのうちの上位チームはこの点数を上回っていればファイナルに進出できるということです。平均点も大事な指標になるときがあるんですね。テストの答案返却時に生徒が「先生，平均点何点だった？」と聞いてくるたびに「平均点を目標に勉強しているのか！」と説教していましたが，少し反省しようかな。当日の試合が終わったインタビューではまだ確定していない状況だということでした。まだまだ日本も数学の勉強がたりないと感じました。私も含めてですが…。こういったことを経験しながら人類は成長していくんだなって感じさせてくれました。この状況を作り出した状態を記録しておきます。

現在順位	チーム名	レギュラーシーズン通過順位	得点	残り試合
1	EX 風林火山	2	338.6	2
2	渋谷 ABEMAS	3	251.7	2
3	TEAM 雷電/RAIDEN	5	173.8	0
4	KONAMI 麻雀格闘倶楽部	1	110.8	2
5	U-NEXT Pirates	6	16.9	0
6	KADOKAWA サクラナイツ	4	▲347.3	2

(注意. 現在順位，得点は 5 月 2 日試合終了時のもの)

　TEAM 雷電の皆さま初のファイナル進出と今シーズン第 1 号のファイナル進出決定おめでとうございます。麻雀に興味・関心がある，なしにかかわらず，仕事とはいえ全身全霊を尽くしチームの勝利のために戦う姿に感動します。

第2章　数学 A

2.1　場合の数と確率

2.1.1　神経衰弱の確率

　誰もが知っている，そして一度はやったことがある「神経衰弱」。伏せてある状態のカードから2枚のカードを開いて同じカードだったらもう一度カードを開いて，違うカードだったら開いたカードを伏せて，次の人がカードを開くというゲームです。最後にみつけたカードの枚数を競います。

　私がこの「神経衰弱」に興味をもったのは次の新聞のコラム[1]を読んだからです。

> 　トランプに神経衰弱というゲームがある。裏にしたカードを2枚表にして同じ数の札なら取れる。ルールが簡単なので子供の頃に遊んだ方も多いだろう。
>
> 　しかしこのゲームに勝つ最善の戦略を考え出すと結構面白い。やみくもにカードを表にすると，少ない当たりの確率と引き換えに，相手に情報を与えて利敵行為になるからだ。
>
> 　単純な例として，2人で遊んでいて場に3組6枚の札があり，そのうち1枚だけ何だか判明している状況を考える。最初に1枚引いて外した場合に，2枚目に残り4枚から1枚の当たり札を引きに行くよりは，すでに判明している札を引いてわざと外したほうが勝つ確率が高いのである。
>
> 　残り4組8枚でうち2枚が判明している状況では，あまり美しくないが両者がその2枚をめくり合って千日手になるのが最善のようだ。(以下略)

　場面を設定して考察してみます。◎…既知のペアカードを開いた，○…前回開いたペアカードを開きとった，×…新規のカードだった，P…パスした (既知のカードを開いた) とします。またプレイヤーをP_1(先手), P_2(後手) とします。また表の中の番はその時カードを開く人，丸数字はカードを開く順を表しています。

(1)　カード4枚のとき

　(i)　カード4枚で1枚もわかっていないとき

　　スタート時のそれぞれの勝つ確率は $P_1 \fallingdotseq 0.333\cdots$, $P_2 \fallingdotseq 0.666\cdots$ です。

場合	2枚目までの結果			3枚目以降の結果	
	①②	P_1	P_2	番③④	総合結果
(a)	×○	1	0	P_1×○	→② −0 で P_1 の勝ち
(b)	××	0	1	P_2◎○	→0− ②で P_2 の勝ち

　(ii)　カード4枚で1枚わかっているとき

　　スタート時のそれぞれの勝つ確率は $P_1 \fallingdotseq 0.666\cdots$, $P_2 \fallingdotseq 0.333\cdots$ です。

---

[1]週刊将棋 2012 年 10 月 10 日号茶柱より

場合	2枚目までの結果			3枚目以降の結果	
	①②	P_1	P_2	番③④	総合結果
(c)	◎○	1	0	P_1×○	→②ー0でP_1の勝ち
(d)	×○	1	0	P_1◎○	
(e)	××	0	1	P_2◎○	→0ー②でP_2の勝ち

　　調べてみて感じたことなんですが，この「神経衰弱」というゲームは公平なゲームではないのです。

(2) カード 6 枚のとき

　(i) カード 6 枚で 1 枚もわかっていないとき

　　　スタート時のそれぞれの勝つ確率は $P_1 \fallingdotseq 0.466\cdots$, $P_2 \fallingdotseq 0.533\cdots$ です。

場合	2枚目までの結果			4枚目までの結果			5枚目以降の結果	
	①②	P_1	P_2	番③④	P_1	P_2	番⑤⑥	総合結果
(a)	×○	0.333	0.666	P_1×○	1	0	P_1◎○	→③ー0でP_1の勝ち
(b)				P_1××	0	1	P_2◎○	→1ー②でP_2の勝ち
(c)	××	0.5	0.5	P_2◎○	0.333	0.666	P_2◎○	→0ー③でP_2の勝ち
(d)							P_2×○	
(e)							P_2××	→②ー1でP_1の勝ち
(f)				P_2×○	0	1	P_2◎○	→0ー③でP_2の勝ち
(g)				P_2××	1	0	P_1◎○	→③ー0でP_1の勝ち
(h)				P_2×P				

　　　場合(c)〜(h)はカード 6 枚で 2 枚わかっているときの状態になります。(先後逆)

　(ii) カード 6 枚で 1 枚わかっているとき

　　　スタート時のそれぞれの勝つ確率は $P_1 \fallingdotseq 0.266\cdots$, $P_2 \fallingdotseq 0.733\cdots$ です。

場合	2枚目までの結果			4枚目までの結果			5枚目以降の結果	
	①②	P_1	P_2	番③④	P_1	P_2	番⑤⑥	総合結果
(i)	◎○	0.333	0.666	P_1×○	1	0	P_1×○	→③ー0でP_1の勝ち
(j)				P_1××	0	1	P_2◎○	→1ー②でP_2の勝ち
(k)	×○	0.666	0.333	P_1◎○	1	0	P_1×○	→③ー0でP_1の勝ち
(l)				P_1×○			P_1◎○	
(m)				P_1××	0	1	P_2◎○	→1ー②でP_2の勝ち
(n)	××	0.166	0.833					
(o)	×P	0.5	0.5					

　　(i) の場合(a)ですが，カードを開く前の P_1 の勝つ確率が $0.466\cdots$ で，カードを 1 組とってしまうと勝つ確率が $0.333\cdots$ と下がってしまいます。カードを取れば勝つ確率が上がると思うのが普通だと思うのですが，これがこのゲームの面白いところなのでしょうね。

　　場合(n)と(o)がむやみにカードを開いてはいけないという典型的な例でしょう。

授業用に以下のような問題を作りました。

問. 太郎君と次郎君がトランプを使って神経衰弱というゲームをします。このゲームは裏返してあるカードを2枚めくって，同じカードなら取ることができ，異なるカードならもう一度裏返しにして元に戻し，相手の手番になります。

　　6枚のカードで戦い太郎君が先に次郎君が後に取ります。今，先手の太郎君が2枚のカードをめくって同じでなかったのでまた裏返したところです。このとき次に引く次郎君とその次に引く太郎君2人のそれぞれの勝つ確率を求めなさい。ただし一度めくったカードがどこにあるかは忘れないとし，一度めくったカードは確実に次取ることができるまで開かないこととします。

おまけで8枚のときも調べました。

(3) カード8枚のとき

(i) カード8枚で1枚もわかっていないとき

スタート時のそれぞれの勝つ確率は $P_1 = 0.6$，$P_2 \fallingdotseq 0.266\cdots$ で引き分けの確率が $P \fallingdotseq 0.133\cdots$ です。

場合	2枚目までの結果			4枚目までの結果			5枚目以降の結果	
	①②	P_1	P_2	番③④	P_1	P_2	番⑤⑥	総合結果
(a)	×○	0.466	0.4	P_1×○	0.333	0	P_1	→4枚で1枚もわかっていないときと同値
(b)				P_1××	0.5	0.5	P_2	→6枚で2枚わかっているときと同値 (先後逆)
(c)	××	0.622	0.244	P_2○○	0.533	0.266	P_2	→6枚で1枚わかっているときと同値 (先後逆)
(d)				P_2×○	0.333	0.5	P_2	→6枚で2枚わかっているときと同値 (先後逆)
(e)				P_2××	0.75	0.166	P_1	→8枚で4枚わかっているときと同値
(f)				P_2×P	0.333	0.516	P_1	→8枚で3枚わかっているときと同値
(g)				P_2PP	0.244	0.622	P_1	→8枚で2枚わかっているときと同値

(ii) カード8枚で1枚わかっているとき

スタート時のそれぞれの勝つ確率は $P_1 \fallingdotseq 0.466\cdots$，$P_2 = 0.4$ で引き分けの確率が $P \fallingdotseq 0.133\cdots$ です。

場合	2枚目までの結果			4枚目までの結果			5枚目以降の結果	
	①②	P_1	P_2	番③④	P_1	P_2	番⑤⑥	総合結果
(h)	◎○	0.466	0.4	6枚の場合(a)〜(h)と同値，ただし後手1−②勝ちは引き分け				
(i)	×○	0.266	0.533	6枚の場合(i)〜(o)と同値，ただし後手1−②勝ちは引き分け				
(j)	××	0.516	0.333	P_2◎○	0.333	0.5	P_2	→6枚で2枚わかっているときと同値 (先後逆)
(k)				P_2×○	0	1	P_2	→6枚で3枚わかっているときと同値 (先後逆)
(l)				P_2××	1	0	P_1	→④ −0で先手勝ち
(m)				P_2×P	0.75	0.166	P_1	→8枚で4枚わかっているときと同値
(n)				P_2PP	0.333	0.516	P_1	→8枚で3枚わかっているときと同値
(o)	×P	0.622	0.244	→場合(c)〜(g)と同値				

場合(j)〜(n)はカード8枚で3枚わかっているときの状態になります。(先後逆) また，2人の確率を加えても1にならないのは引き分けの場合があるからです。

8枚でプレイ時2枚カードがわかっている場合はすごいですね。先に3枚目を相手に開かせたほうが自分が勝つ確率が上がるなんてすごい！ すごい！ そして8枚で1枚もわかっていないとき，先に開いた P_1 はカードを取らないほうが勝つ確率が上がる $(0.6 \to 0.622)$ こともすごいと思いました。

う～ん。こんな高等戦術があったとは～。でも神経衰弱のゲームはいろいろな場面設定が考えられるのでもっとおもしろい場面があるかもしれませんね。2 人で戦うのではなくて 3 人，4 人と変えて考えるとか，世の中の「神経衰弱」にはオールマイティカード (ジョーカー) とかマイナーなルールもあるようです。

　私は根が素直で欲張りなので，今までは必ず新しいカードをめくっていました。今度から機会があったら考えてめくるようにします。

　このことを調べていく過程でゲーム名が「神経衰弱」ってどうして言うんだろうって思いました。で，わかりました。この確率を調べていったら確かに私の神経が衰弱したからです (疲れました～)。(^^;

2.1.2　さいころ 6 個投げ実験 (資料 P151 参照)

　中学校ではサイコロ 1 個を使った確率の実験を行っている学校が大半でしょう。せっかく上級学校に来たんだから，1 個じゃなくて 6 個のさいころを投げて 1 が出るかどうか検証する実験です。準備するものはもちろんサイコロを (人数)×6 個，ワークシート，電卓なんかもあれば便利です。今の時代はスマホの中に電卓がありますね。私は好きじゃないけどそれでもいいです。ワークシートをみるとわかりますが，生徒どうしの関わりをもたせるための工夫がしてあります。確認してください。クラスの合計を出したら確率を計算して，理論値と比較します。とりたてて難しいことはない授業です。生徒が生き生きと活動する様子を味わって元気をつけてください。

2.1.2.1　元気話.「新・高校数学外伝」

　古い本ですが昭和 57 年 (1982 年) に日本評論社から発行された「新・高校数学外伝」は教材の宝庫です。ここから興味ある確率の問題を抜き出してみました。

> 問. 硬貨を 6 回投げて 1 回だけ表が出るのと，硬貨を 12 回投げて 2 回だけ表が出るのとではどちらが有利ですか？

6 回投げて 1 回だけ表の確率　　　12 回投げて 2 回だけ表の確率

$$p = {}_6\mathrm{C}_1\left(\frac{1}{2}\right)^1 \cdot \left(\frac{1}{2}\right)^5 \qquad p = {}_{12}\mathrm{C}_2\left(\frac{1}{2}\right)^2 \cdot \left(\frac{1}{2}\right)^{10}$$

$$= \frac{3}{32} = 0.09375 \qquad\qquad = \frac{33}{2048} \fallingdotseq 0.01611\cdots$$

> 問. サイコロを 6 回投げて 1 回だけ 1 の目が出るのにかけるのと，サイコロを 12 回投げて 2 回だけ 1 の目が出るのにかけるのとでは，どちらが有利ですか？

6 回投げて 1 回だけ 1 の目の確率　　12 回投げて 2 回だけ 1 の目の確率

$$p = {}_6\mathrm{C}_1\left(\frac{1}{6}\right)^1 \cdot \left(\frac{5}{6}\right)^5 \qquad p = {}_{12}\mathrm{C}_2\left(\frac{1}{6}\right)^2 \cdot \left(\frac{5}{6}\right)^{10}$$

$$= \frac{3125}{7776} \fallingdotseq 0.40187\cdots \qquad\qquad \fallingdotseq 0.29609\cdots$$

　賭け事のオッズ (倍率) は確率 p の事象に対しては $\dfrac{p}{1-p}$ で決まるようです。もしこの問題の確率を「同じ。」なんていう生徒がいたら，「君は賭け事には向かないから，大人になったら気をつけた方がいいよ。」と声をかけてあげてください。

2.1.3 クリスマスプレゼント交換会

> 問. ある学級で全員からプレゼントを集めて，それを再配布してプレゼントを交換すると
> いった企画を立てました。このとき誰も自分のプレゼントにならない確率を求めなさ
> い。ただしどのプレゼントになるかは同様に確からしいとします。

この問題は完全順列 (i 番目が i でない順列) という問題です。分け方は人数を n 人としたと
き $n!$ 通り。その時，誰も自分のプレゼントにならない場合の数 A を求めると

$$A_1 = 0 \,,\, A_2 = 1 \,,\, A_n = (n-1)(A_{n-1} + A_{n-2})$$

となります。具体的に求めてみましょう。

人数 (n)	1	2	3	4	5	6	7	8	9	10
場合の数 (A)	0	1	2	9	44	265	1854	14833	133496	1334961
すべての分け方 ($n!$)	1	2	6	24	120	720	5040	40320	362880	3628800
確率 $\left(p = \dfrac{A}{n!}\right)$	0	0.5	0.333	0.375	0.367	0.368	0.368	0.368	0.368	0.368

最終的な $n \to \infty$ における確率 p は $p = \dfrac{1}{e} \fallingdotseq 0.367879\cdots$ となります。

意外と高い値になりました。$1-p$ を求めると約 63 ％ の確率で誰かが自分のプレゼントになっ
てしまうんです。ここで出てきた $0\,,\,1\,,\,2\,,\,9\,,\,44\,,\,265\,,\,1854\,,\,14833\,\cdots$ はモンモール数と呼
ばれています。$n=4$ のときの $p = \dfrac{9}{24}$ に挑戦させるのはどうでしょう？

2.1.3.1 完全順列について

$n=2$ の場合は以下の場合のみ。
よって $A_2 = 1$ となります。

—— 2 —— 1

$n=3$ の場合は 2 通り。
よって $A_3 = 2$ となります。

$n=4$ の場合は以下の 9 通り。

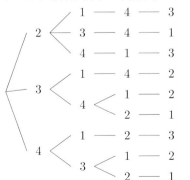

$n=4$ のときの枝の本数を能率良く数えて
いきましょう。4 番目に 4 がくることはあり
ませんから，

(i) 4 番目 (n) が 1 で 1 番目が 4 のときは，
残りの 2 つの並べ方は A_2 のときの完全
順列に等しくなります。

—— 4 —— 3 —— 2 —— 1

(ii) 4 番目 (n) が 1 で 1 番目が 4 以外のとき
は，残りの 2 つの並べ方は 4 を 1 と考え
ることによって (4 は 1 番目でない場合
を考えているので)A_3 のときの完全順列
に等しくなります。

< 2 —— 3 —— 4 —— 1
   3 —— 4 —— 2 —— 1

よって 4 番目にくる数は $(n-1)$ 通りある
ことから，先に求めた漸化式

$$A_n = (n-1)(A_{n-1} + A_{n-2})$$

が成り立ちます。

2.1.4　同様に確からしい

以下の問題に対して先生方はどのような答えを出しますか？ 解説を見る前に考えてください。

> 問. 円 O において，任意の弦を引いたとき，内接する正三角形の 1 辺の長さより大きくなる確率を求めなさい。

※考え方 1

この確率を考えるとき平行な弦だけを調べても一般性は失われない。その弦が垂直な直径 AD と交わる点 P の位置によって弦の長さは決まる。半径 r の円において内接する正三角形の底辺の位置は中心 O から $\frac{1}{2}r$ の距離にあるので，直径 AD を 4 等分する点を B, O, C とすると，点 B と C の位置が内接正三角形の一辺と等しくなる位置になる。よって弦が線分 BC 内にあるとき弦の長さは内接正三角形の一辺より長くなる。なので，その確率 p は

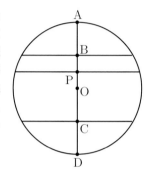

$$p = \frac{\mathrm{BC}}{\mathrm{AD}} = \frac{1}{2}$$

※考え方 2

弦は円周上の 2 点によって決まる。よって弦の始点 A をどこにとっても一般性は失われない。終点 P のとり方によって弦の長さが決まる。いま点 A を頂点とする内接正三角形を ABC とすると，求める確率は点 P が $\overgroup{\mathrm{BC}}$ 上にあるときだから，その確率 p は

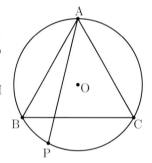

$$p = \frac{\overgroup{\mathrm{BC}}}{\text{円周}} = \frac{1}{3}$$

※考え方 3

考え方 2 と同様に弦の始点 A を固定させて考える。円周上の点 A を通る直径の他の円周上の点を D とする。また点 A を頂点とする内接正三角形を ABC とし，その辺 AB, AC の延長線と直線 ℓ との交点を B', C' すると，求める確率は点 P が線分 $\mathrm{B}'\mathrm{C}'$ 上にあるときだから，その確率 p は

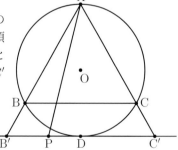

$$p = \frac{\mathrm{B}'\mathrm{C}'}{\ell \text{の長さ}} = \frac{\mathrm{B}'\mathrm{C}'}{\infty} = 0$$

どうですか？ 何番の考え方が正解だと思いますか？ 正解は…ありません。というのは確率の大前提となる「同様に確からしい」の定義に反しているからなのです。「同様に確からしい」というのは起こりうる場合の数が有限個の集合からスタートしているためである。

無限個の集合の確率に拡張できないの？ と思う方もいるかもしれません。でもそうすると「同様に確からしい」をどうやって定義するのかに困ることになるのです。有限の線分の中にある無限の点をどのように同様に確からしくとることができるのでしょう？ この仮定が成立しないためいろいろな考え方の確率ができてしまうのです。ただし有限個で定義できる確率を無限個へ拡張することはできます。

(参考文献：中学校数学指導事典 1982 年 東京法令出版)

2.1.5 昔話 確率 $p = 0$ は $p = 1$

昔々ある所におじいさんとおばあさんが…じゃなくてお父さんと娘さんが住んでいました。一家の生活は大変苦しくてお父さんはとうとう借金をしてしまいました。しかし生活状態は変わりません。そのうち借金を返さなくてはならない期日が迫ってきました。借り主からは返してほしいと迫られます。お父さんはお金を借りた所に行って返せない事を告げます。

> 主人「なに，返せないだと。そうだ，おまえの所には娘がいただろう。娘を借金の代わりによこせ。」
>
> 父「えっ，そればかりは…勘弁してください。」
>
> 主人「じゃこうしよう。おまえに一度だけチャンスをやろう。袋の中に白玉と赤玉ひとつずつ入れた袋を用意しておく。お前が白玉を引けば娘が助かるばかりか借金もなくしてやろう。ただし赤玉を引いた時は娘を借金の代わりにもらうことにする。」
>
> 父「えっ…。」

お父さんは家に帰って娘にそのことを告げました。

> 娘「大丈夫よ，お父さん。わたし運が強いから…。」

翌日です。2人そろって借り主の所に向かいました。

> 使用人「だんなさまは，少し所用で出かけております。しばらくお待ち下さい。」

2人は別室で待つことになりました。そこに家の主人が帰ってきました。

> 使用人「だんなさま，例の2人が待っています。」
>
> 主人「わかった。」
>
> 使用人「ところで，だんなさま，本当に借金を棒引きしてやるおつもりで…。」
>
> 主人「まさか。よいか，この袋の中に赤玉をひとつ，ふたつ…。くっくっく…。これで娘は私のものだ。」

ところがトイレに行こうとした娘がこの様子を見ていたのです。

> 主人「待たせたな，さあ袋を用意したから一つだけ玉を引け。よいか袋の中を見たり，おかしなことをしたらその瞬間から娘は私のものだぞ！ さぁ引け！」

絶体絶命のピンチです。さあ，このピンチをどう切り抜ければいいのでしょう？

この話をすると生徒は袋の中を確認すればいいだとか…，引かなければいいじゃんとか言います。借金している負い目があることを忘れて…。正解はわかりましたか？ 正解は…

> 娘「わかりました。では私が引く代わりに，あなたが玉を引いてください。自分たちの玉はその反対の色の玉でけっこうです。」

これが正解です。私はこの話を確率の範囲を学習するところでいつも話をしています。確率 $p = 0$ は見方を変えれば $p = 1$ ということなんです。

2.2　図形の性質

2.2.1　自己相似図形 (資料 P144 参照)

指導内容	学　習　活　動	備　考
相似な図形	・二等辺三角形を書いてみてください。	・最初の例題は問題の意味をつかませる
三角形	・この二等辺三角形を自身と相似な図形で 4 等分してみてください。 ・普通の三角形でできるか挑戦してみよう。	・中点連結定理の復習
四角形	・四角形ではどうだろうか。平行四辺形でできるか挑戦してみよう。	・平行四辺形が作図可能ということは長方形, ひし形, 正方形も可能

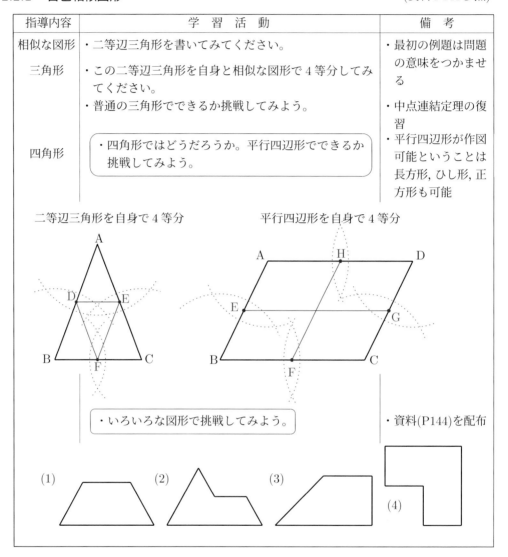

二等辺三角形を自身で 4 等分　　　　　平行四辺形を自身で 4 等分

・いろいろな図形で挑戦してみよう。　　　　　・資料(P144)を配布

(1)　　　(2)　　　(3)　　　(4)

　最初から二等辺三角形を自身で 4 等分と言っても生徒は何のことかわからないだろう。ここではあまり時間をかけずに, 教師が説明してしまっていいと思う。板書した二等辺三角形に対して各辺の垂直二等分線を引き, 中点を求め線で結ぶと自身と同じ形で 4 等分できる。

　次は任意の三角形に挑戦する。今度は普通の三角形をノートに書かせて二等辺三角形で意味をつかませた自身で 4 等分できるかどうかを問うのである。

　そして四角形に挑戦する。平行四辺形においては対辺を結ぶのではなく, 隣辺を結んでしまう生徒がいるので, 机間巡視の指導が必要である。4 種類の図形を紹介したが, 私の経験上難易度は (2) が多少難しくて, 後はどれも同じくらいである。ここでは各生徒にじっくり考えさせたい。先生方も解答を見る前に考えてみてください。そうそう先生方の判断で最終的にはフリーハンドで書いてもいいと言ってください。でも中点もまともにとれない生徒も多いですが…。

2.2.1.1 自己相似図形解答

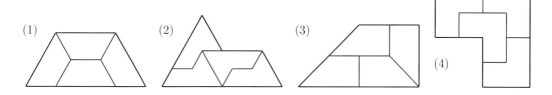

(1)　　　　　(2)　　　　　(3)　　　　　(4)

　どうでしたか？　正解できましたか？　ワークシートは A5 の大きさになるように作りました。
　二等辺三角形そして任意の三角形にはじまり，平行四辺形の 4 分割，そして上の 4 つの図形。
かなりパズル的な要素を含んでいるので，数学が得意，不得意に関係なく楽しむことができます。計算問題と異なりいつも数学を得意としている生徒が早くできるかというとそうでもない。
「図形の性質」導入教材としてはなかなかおもしろい教材だと思っているのですが…。
　四角形のうち平行四辺形が自身で 4 等分できることは授業案の中に書いたが，この自身を 4
等分できる図形の必要十分条件とはなんだろう？　誰か知っていたら教えてくれないかなぁ〜。
　　　　　(参考文献：「秋山 仁の算数ぎらい大集合」1994 年 7 月 日本放送出版協会)

2.2.1.2 フラクタル図形

　数学の先生と話をしていたら拡張できることに気がつきました。例えば上の (4) は右図のようになります。

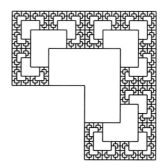

　正三角形はシェルピンスキーのギャスケット[2](左下図)，正方形はシェルピンスキーのカーペット (中下図) といいます。また 3D に拡張された形 (右下図) もあります。右下図の画像の出典は
Wikipedia の「p 進量子力学」からです。関係記事もそちらを参照してください。

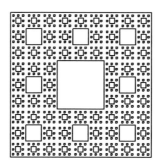

---
[2]本文 P50 参照

2.2.2　共通接線 (資料 P153 参照)

> 問. 円 O の半径を R, 円 O' の半径を r として共通接線を作図しなさい。(ただし $R > r$)

外接線

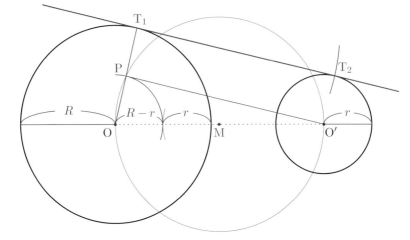

(1) 線分 OO' の中点 M を垂直二等分線を用いて求める。(上図では略)

(2) 中心を M とし半径が MO の円を書く。

(3) $R - r$ を求め, 点 O から (2) で作った円に長さ $R - r$ にある点 P を求める。(内側の共通接線は $R + r$ で P を Q に置き換えて説明を読んでください。)

(4) 点 O から点 P を通る直線を引き, 円 O との交点を T_1 とする。

(5) 点 T_1 から円 O' に距離 PO' の点をとり T_2 とする。

(6) 直線 $T_1 T_2$ が求める共通接線になる。

　簡単に説明しよう。作図した四角形 $T_1 PO' T_2$ は $\angle T_1 PO' = 90°$ の対辺の長さが等しい平行四辺形である。ひとつの角が $90°$ の平行四辺形なので四角形 $T_1 PO' T_2$ は短辺が r の長方形になる。よって接線の定義と同値な円の半径に垂直になる直線が作図できる。

　　内接線

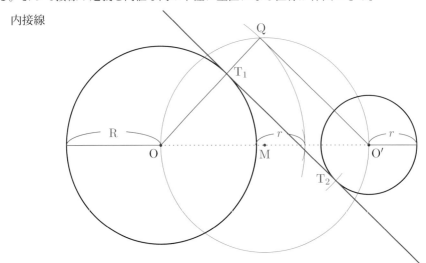

2.2.3 正多角形を作図しよう！

指導内容	学 習 活 動	備 考
正三角形	問. 正三角形を作図してみよう。	・持ち物：三角定規，コンパス
正多角形	問. 他の正多角形を作図してみよう。 ・正方形　・正六角形 ・正八角形	
正五角形	問. どうして正五角形や正七角形がないのだろう？	

　普段，何気なく書いている図形も作図で書くとなると大変になる時が多い。生徒は自然と定規の角を使っていたり，ノートの罫線を使っていたりする。融通が利かない作図の不便さを知りつつ，できた時には美しくできる作図の長所，短所を知る授業である。正七角形が作図不能の説明を授業の終わりに説明するのもいいだろう。

2.2.3.1　正五角形の作図その 1

　ところで正五角形の作図は覚えていますか？ 線分 CD を 1 辺とする正五角形を作図してみよう。まず点 D を通る垂線と線分 CD の垂直二等分線を引いた図をスタートに説明しよう。

① 点 D の垂線上に CD = DP となる点 P をとる。

② 線分 CD の中点 M を中心に半径 MP の円を書き，直線 CD の延長線上の交点を Q とする。

③ 点 C を中心に半径 CQ の円を書き線分 CD の垂直二等分線との交点を A とする。

④ 後は半径を線分 CD として，中心 A と③の円の交点が点 E となり，点 A と点 C を中心とした円の交点が B となる。

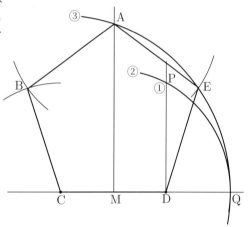

2.2.3.2　正五角形の作図その 2

　生徒にとっては円を使った作図の方がいいかもしれません。(この場合には正五角形の一辺の長さは円の半径を r とすると $\dfrac{\sqrt{10-2\sqrt{5}}}{2}r \fallingdotseq 1.17557\cdots \times r$ になります。)

① 円 O の中心から直径に垂直な線を引く。(作図略)

② ①の線分の中点 M を求め，点 A と点 M を結ぶ。(作図略)

③ ∠AMO の二等分線を引き OA との交点を P とする。

④ 点 P を通り線分 OM に平行な線を引き円 O との交点を B とする。線分 AB が正五角形の一辺の長さである。

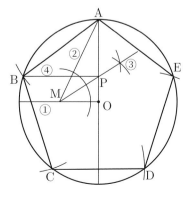

2.2.3.3　正多角形の 1 辺の長さ

一昔前に東京大学で出題された円周率の問題が話題になったことがあります。

> 問. 円周率が 3.05 より大きいことを証明せよ。　　　(2003 年東京大学理系)

　2022 年 2 月号の数学セミナーの"エレガントな解答を
もとむ"に関連した問題が出題されたことに刺激を受けて
正多角形の辺の長さを考察してみました。
　半径 r の円に内接する正 n 角形の面積 S は

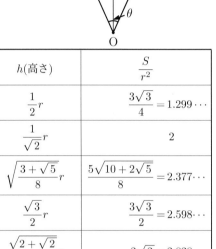

$$S = \frac{nr^2}{2}\sin\frac{2\pi}{n}$$

で求められます。

正 n 角形	$\theta = \dfrac{360°}{n}$	$\cos\theta$	a(底辺)	h(高さ)	$\dfrac{S}{r^2}$
3	$120°$	$-\dfrac{1}{2}$	$\sqrt{3}\,r$	$\dfrac{1}{2}r$	$\dfrac{3\sqrt{3}}{4}=1.299\cdots$
4	$90°$	0	$\sqrt{2}\,r$	$\dfrac{1}{\sqrt{2}}r$	2
5	$72°$	$\dfrac{1}{2\varphi}=\dfrac{\sqrt{5}-1}{4}$	$\sqrt{\dfrac{5-\sqrt{5}}{2}}\,r$	$\sqrt{\dfrac{3+\sqrt{5}}{8}}\,r$	$\dfrac{5\sqrt{10+2\sqrt{5}}}{8}=2.377\cdots$
6	$60°$	$\dfrac{1}{2}$	r	$\dfrac{\sqrt{3}}{2}r$	$\dfrac{3\sqrt{3}}{2}=2.598\cdots$
8	$45°$	$\dfrac{1}{\sqrt{2}}$	$\sqrt{2-\sqrt{2}}\,r$	$\dfrac{\sqrt{2+\sqrt{2}}}{2}r$	$2\sqrt{2}=2.828\cdots$
10	$36°$	$\dfrac{1}{2}\varphi=\dfrac{1+\sqrt{5}}{4}$	$\sqrt{\dfrac{3-\sqrt{5}}{2}}\,r$	$\sqrt{\dfrac{5+\sqrt{5}}{8}}\,r$	$\dfrac{5}{4}\sqrt{10-2\sqrt{5}}=2.938\cdots$
12	$30°$	$\dfrac{\sqrt{3}}{2}$	$\sqrt{2-\sqrt{3}}\,r$	$\dfrac{\sqrt{2+\sqrt{3}}}{2}r$	3
20	$18°$	$\dfrac{\sqrt{\varphi+2}}{2}$	$\sqrt{2-\sqrt{\varphi+2}}\,r$	$\dfrac{\sqrt{2+\sqrt{\varphi+2}}}{2}r$	$5\sqrt{2-\varphi}=3.090\cdots$
24	$15°$	$\dfrac{\sqrt{6}+\sqrt{2}}{4}$	$\sqrt{\dfrac{4-\sqrt{6}-\sqrt{2}}{2}}\,r$	$\sqrt{\dfrac{4+\sqrt{6}+\sqrt{2}}{8}}\,r$	$3\sqrt{6}-3\sqrt{2}=3.105\cdots$

　備考・底辺 a は余弦定理より $a=\sqrt{r^2+r^2-2r\cdot r\cdot\cos\theta}=\sqrt{2(1-\cos\theta)}\cdot r$

　　　・高さ h は三平方の定理より $h=\sqrt{r^2-\left(\dfrac{a}{2}\right)^2}$

　　　・三角比の性質上 θ が 15 または 18 の倍数にならないと $\cos\theta$ の値の表現が困難になるため n が制約される。(正 9 角形や正 15 角形等の考察がないのはそのためである。)

　　　・φ は黄金比の値,2 次方程式 $\varphi^2-\varphi-1=0$ を満たす正の解で $\varphi=\dfrac{1+\sqrt{5}}{2}$ である。

　　　・参考　内接正 24 角形の周の長さ ℓ で円周率 π を近似すると

$$\pi=\frac{\ell}{2r}=\frac{an}{2r}\ \text{より}\ \frac{1}{2}\cdot\sqrt{\frac{4-\sqrt{6}-\sqrt{2}}{2}}\times 24=3.132\cdots\ \text{になる。}$$

　　　・参考　外接正多角形の 1 辺の長さ a' は相似の関係より $a'=\dfrac{ar}{h}$

2.2.4 おうぎ形からできる面積と連立方程式

　図形の問題と連立方程式を組み合わせた問題があったので，授業に活用できると思いまとめました。必要な知識は三平方の定理を使って正三角形の高さを求めることだけなので，どの学年でも取り組むことができます。

　ここでの指導のポイントは幾何の問題でも数式が利用できることがあるということに気づかせることです。

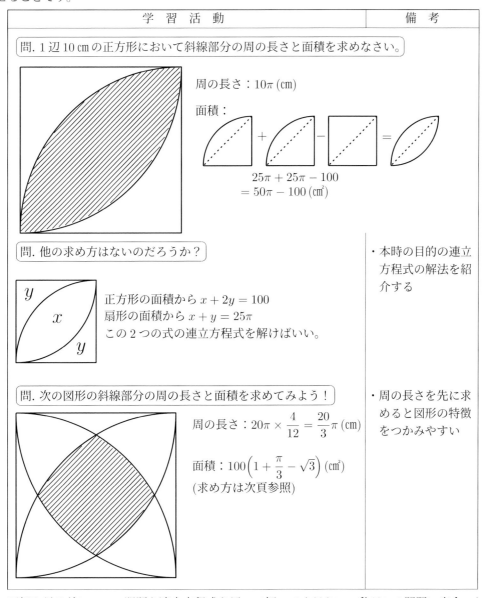

学　習　活　動

問. 1辺 10 cm の正方形において斜線部分の周の長さと面積を求めなさい。

周の長さ：10π (cm)

面積：

$$25\pi + 25\pi - 100 = 50\pi - 100 \text{ (cm}^2\text{)}$$

問. 他の求め方はないのだろうか？

正方形の面積から $x + 2y = 100$
扇形の面積から $x + y = 25\pi$
この2つの式の連立方程式を解けばいい。

問. 次の図形の斜線部分の周の長さと面積を求めてみよう！

周の長さ：$20\pi \times \dfrac{4}{12} = \dfrac{20}{3}\pi$ (cm)

面積：$100\left(1 + \dfrac{\pi}{3} - \sqrt{3}\right)$ (cm^2)
(求め方は次頁参照)

備　考

・本時の目的の連立方程式の解法を紹介する

・周の長さを先に求めると図形の特徴をつかみやすい

　正解を見る前に，この問題を連立方程式を用いて解いてください。私がこの問題に出会ったのは小学校の頃でした。もちろん解けませんでした。そのときはまだ数学の知識が乏しかったので，答えを見てもちんぷんかんぷんだったことを覚えています。

2.2.4.1　一般的な解法

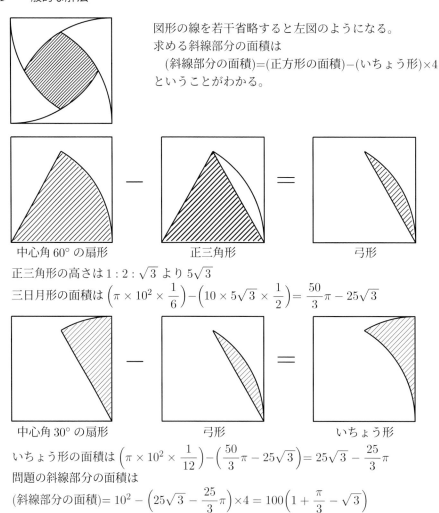

図形の線を若干省略すると左図のようになる。
求める斜線部分の面積は
　(斜線部分の面積)＝(正方形の面積)−(いちょう形)×4
ということがわかる。

中心角 60° の扇形　　　　　正三角形　　　　　弓形

正三角形の高さは $1:2:\sqrt{3}$ より $5\sqrt{3}$

三日月形の面積は $\left(\pi \times 10^2 \times \dfrac{1}{6}\right)-\left(10 \times 5\sqrt{3} \times \dfrac{1}{2}\right)=\dfrac{50}{3}\pi - 25\sqrt{3}$

中心角 30° の扇形　　　　　弓形　　　　　いちょう形

いちょう形の面積は $\left(\pi \times 10^2 \times \dfrac{1}{12}\right)-\left(\dfrac{50}{3}\pi - 25\sqrt{3}\right)=25\sqrt{3}-\dfrac{25}{3}\pi$

問題の斜線部分の面積は

(斜線部分の面積)$= 10^2 - \left(25\sqrt{3}-\dfrac{25}{3}\pi\right)\times 4 = 100\left(1+\dfrac{\pi}{3}-\sqrt{3}\right)$

2.2.4.2　連立方程式を使った解法

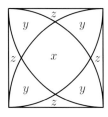

3 種類の図形をそれ
ぞれ x, y, z とする。
正方形の面積より
$x + 4y + 4z = 100$

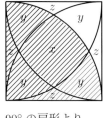

90° の扇形より
$x + 3y + 2z = 25\pi$

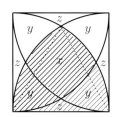

60° の扇形 2 つ分から中央
の正三角形の面積を除くと
$x + 2y + z = \dfrac{100}{3}\pi - 25\sqrt{3}$

(参考文献：数学セミナー 2011 年 4 月号 P50「幾何の閃き」)

2.2.5 多角形を分割した極限は？ ～ピタゴラスの定理の証明～

問題形式にしましたが，読み物資料としてお読みください。

問 1. 多角形を分割するとどんな図形になり
ますか？

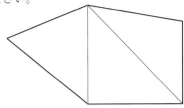

簡単ですね。対角線を使って三角形に分割できます。では次の問題です。

問 2. 三角形を分割するとどんな図形になり
ますか？

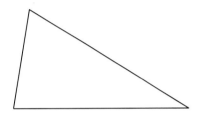

どんな線で分割しても頂点から線を引く限り三角形ですね。ブブ～です。正解は頂点から垂線を下ろした高さで分割した直角三角形でした。どうして直角三角形なのかは次の問いでわかります。

では最後の問題です。

問 3. 直角三角形を分割するとどんな図形に
なりますか？

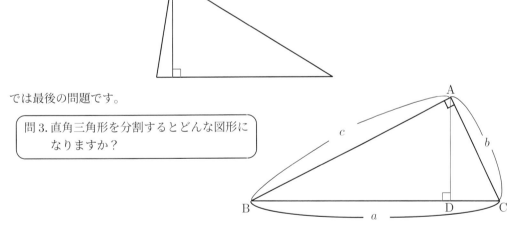

直角三角形において直角の頂点から垂線を下ろすと自身と相似な 2 つの直角三角形ができます。ようするにこれ以上分割しても同じ形の直角三角形になることから，分割する必要がありません。よって多角形を分割していった極限は直角三角形でした。直角三角形は平面図形の中で特別な存在ということです。

この 3 つの直角三角形の相似比はそれぞれの斜辺の長さを a, b, c とするとき，$a : b : c$ です。このことからそれぞれの三角形の面積比は $a^2 : b^2 : c^2$，面積の関係 $\triangle ABC = \triangle ABD + \triangle ACD$ より $ka^2 = kb^2 + kc^2$ から $a^2 = b^2 + c^2$，あっというまにピタゴラスの定理が証明できました。

これは放送大学の「非ユークリッド幾何学」での話でした。最後のピタゴラスの定理の証明は直角三角形に関するおまけみたいな一言だったのですが，感動しました。図形の授業の一言小話で使ってください。

2.3　数学と人間の活動

2.3.1　10 円プレゼント

> 今日は君たちにプレゼントするための 10 円玉をたくさん持ってきました。
>
> じゃぁね，3 桁の好きな数字を決めて下さい。
>
> その数字が何枚の 10 円玉を手に入れることができるかを決めてくれます。
>
> 決まりましたか？
>
> ではその数字を 2 回続けてくっつけて，6 桁の数を作ってください。
>
> 自分の決めた数字が 123 なら 6 桁の数は 123123 となります。
>
> その数を 7 で割ったときの余りの数だけ 10 円玉をプレゼントします。
>
> (「5 分で楽しむ数学 50 話」エアハルト・ベーレンツ著，鈴木直訳，岩波書店)

ちょっとした時間があった時とか，各学年における「式の計算」の導入でも使えそうな問題です。さて何枚の 10 円玉がプレゼントされたでしょうか？

実は例であげた 123 で考えると $123123 \div 7 = 17589$ となり余らず割り切れてしまうのです。

今自分の決めた 3 桁の数字を順に a, b, c とします。すると 6 桁の数は $100000a + 10000b + 1000c + 100a + 10b + c$ になる。ではこの数を 7 で割った余りを計算してみよう。

$$100000a + 10000b + 1000c + 100a + 10b + c$$
$$= 100100a + 10010b + 1001c$$
$$= 7(14300a + 1430b + 143c)$$

となり，どんな a, b, c を決めても，教師は 1 枚も 10 円玉を損することなく，生徒は一生懸命に計算することで計算力がつくという問題です。

授業として考えると，

> S「あれ？　割り切れちゃったよ。」
>
> S「これじゃ 10 円もらえない。」
>
> T「誰か 10 円もらえる人いますか？　しょうがないなぁ〜。もう一度チャンスをあげましょう。異なる 3 桁の数でもう一度やってみましょう。」
>
> S「あれ？　またダメだ。」
>
> S「どうしてだろう…。」
>
> T「どうして誰も 10 円もらえないんだろう。考えてみようよ。」

こんな感じでどうでしょうか。式変形は中学 2 年のやや難しい位の程度でしょうか。ただ導入がシンプルで自然な流れなので問題はつかみやすいと思います。授業としても成り立つし，ちょっとした話題作りにも使えると思います。

上の数 N は

$$N = 100000a + 10000b + 1000c + 100a + 10b + c$$
$$= 1001(100a + 10b + c)$$
$$= 7 \cdot 11 \cdot 13(100a + 10b + c)$$

このことから他に 11 でも 13 でも割り切ることができます。

> T「しょうがないなぁ〜。出血大サービスで 13 で割ったときの余りの数で 10 円プレゼントしてあげる。」

2.3.1.1　元気話．7 の倍数の見分け方

簡単な 7 の倍数の見分け方をみつけたので紹介しておきます。1 の位の数の 2 倍を元の数の 1 の位を省いた数から引いたとき 7 の倍数であれば 7 の倍数である。

例．$11193 = 7 \times 1577$ の場合は (1) $1119 - 3 \times 2 = 1113$

(2) $111 - 3 \times 2 = 105$

(3) $10 - 5 \times 2 = 0$　0 は 7 の倍数なので 11193 は 7 の倍数である。

5 桁の数を例に説明しましたが，実は N の 10 の位以降の数を a，1 の位を b とすることで説明できます。　$a - 2b = 7k\,(k$ は整数) より $a = 7k + 2b$

$$N = 10a + b$$
$$= 10(7k + 2b) + b$$
$$= 7(10k + 3b)$$

よって $a - 2b$ が 7 の倍数のとき N は 7 の倍数になる。

同僚の先生にこれでいいかなぁ〜って見せたところ，逆もいわないと完全じゃないといわれました。ようするに $a - 2b$ が 7 の倍数ならば N は 7 の倍数はいいのだけど，N が 7 の倍数のとき $a - 2b = 7k$ が成り立つことをいわないと同値関係にならないということです。

$$N = 10a + b = 7k \text{ より } b = 7k - 10a$$
$$a - 2b = a - 2(7k - 10a)$$
$$= 7(3a + 2k)$$

よって N が 7 の倍数のとき $a - 2b$ は 7 の倍数になる。

数学セミナー[3]では $10m \pm 1$ と $10m \pm 3$ の数の倍数についてこのような式変形からの考察がありました。参照してください。

2.3.1.2　元気話．数学とは何だろう？

教師の皆さん。または数学に関係した職業に就いている皆さんに質問です。

$\boxed{\text{問. 数学とは何ですか？}}$

この問いにどう答えますか？　私はこう答えます。

「数学とは人類が発見した真理を表す美です。」

数学は一人の人が創った芸術作品ではありません。たくさんの人のバトンタッチを繰り返しながら現代にまで引き継がれてきたことから発見したのは人類なのです。後半の"真理を表す美"はわかりますか？

中学生でも，高校生の数学でも「わかった！」と感じたときの真理は美しい。2 次方程式の解の公式や放物線を表す $y = ax^2$ を美しいと感じたことはありませんか？今では大学数学に行ってしまったオイラーの公式

$$e^{i\theta} = \cos\theta + i\sin\theta$$

に $\theta = \pi$ を代入してできる

$$e^{i\pi} = -1$$

は究極の美しさだと思います。

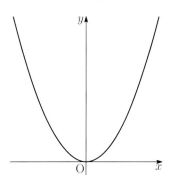

2 次方程式の解の公式
$$x = \frac{-b \pm \sqrt{b^2 - 4ac}}{2a}$$

---

[3]2003 年 3 月号 P59「倍数の見分け方」

2.3.2 エラトステネスの篩活用法

(資料 P154 参照)

指導内容	学 習 活 動
約数の個数	問. 次の数の約数を求めてみよう。

数	約数	数	約数
1	1	7	1, 7
2	1, 2	8	1, 2, 4, 8
3	1, 3	9	1, 3, 9
4	1, 2, 4	10	1, 2, 5, 10
5	1, 5	11	1, 11
6	1, 2, 3, 6	12	1, 2, 3, 4, 6, 12

	・約数の表を見て，気がついた事をノートに書こう。
素数の意味	・1とその数自身しか約数をもたない数を素数といいます。
	・1は素数ではありません。
	問. 素数を求めることができるエラトステネスの篩をやってみよう。

約数の表からすぐに素数を定義してしまってもいいが，完全数(自身以外の約数の和が自身になる数)や不足数(自身以外の約数の和が自身よりも小さい数)，過剰数(自身以外の約数の和が自身を超える数)等の話をまじえてもいいだろう。あわせて約数の個数に気づかせて，約数が奇数個の数は平方数といって，必ず約数で求めた中央の数の2乗の形にすることができる等も付け加えると，数に対する興味が一層増すことだろう。

このエラトステネス[4]の篩は中学校でも指導をしている場合がある。ほとんどは100までの数であるので高校生用に500までの資料を用意した。資料Ⅰで復習し，合格できたら資料Ⅱ，資料Ⅱが合格できたら資料Ⅲと進むといいだろう。生徒の実態に応じて柔軟な使用を望む。

教師の皆さんはこのエラトステネスの篩は数の範囲が変わるとまた最初に戻ってやらなければいけないことは知っている。生徒はその意味がちゃんとわかっていないので，2回目を行うときは以前見つかった素数に○をつけてから行う生徒がたくさんいる。新しい数の範囲で行うときには必ず最初のステップに戻って行わなければならないことも指導の一つとして知っておいた方がいいだろう。

この篩を発見したエラトステネスは地球の大きさを測った人物としても知られている。この天才についても時間があったら語って欲しい。

素数の個数		
範囲	個数	累計
1〜 100	25個	25個
100〜 200	21個	46個
200〜 300	16個	62個
300〜 400	16個	78個
400〜 500	17個	95個
500〜 600	14個	109個
600〜 700	16個	125個
700〜 800	14個	139個
800〜 900	15個	154個
900〜1000	14個	168個

2.3.2.1 元気話．斜体文字

数学で使用する文字には通常の A と斜体文字 *A* があります。数学における基本の文字は斜体文字です。ただ点 P や △ABC 等，位置情報のみの場合には斜体にはなりません。こんな点に注意して教科書を見直すと新たな発見があるかもしれません。

---

[4]Eratosthenes BC276-BC194

2.3.2.2 エラトステネスの篩 III 解答

1	2	3	4	5	6	7	8	9	10
11	12	13	14	15	16	17	18	19	20
21	22	23	24	25	26	27	28	29	30
31	32	33	34	35	36	37	38	39	40
41	42	43	44	45	46	47	48	49	50
51	52	53	54	55	56	57	58	59	60
61	62	63	64	65	66	67	68	69	70
71	72	73	74	75	76	77	78	79	80
81	82	83	84	85	86	87	88	89	90
91	92	93	94	95	96	97	98	99	100
101	102	103	104	105	106	107	108	109	110
111	112	113	114	115	116	117	118	119	120
121	122	123	124	125	126	127	128	129	130
131	132	133	134	135	136	137	138	139	140
141	142	143	144	145	146	147	148	149	150
151	152	153	154	155	156	157	158	159	160
161	162	163	164	165	166	167	168	169	170
171	172	173	174	175	176	177	178	179	180
181	182	183	184	185	186	187	188	189	190
191	192	193	194	195	196	197	198	199	200
201	202	203	204	205	206	207	208	209	210
211	212	213	214	215	216	217	218	219	220
221	222	223	224	225	226	227	228	229	230
231	232	233	234	235	236	237	238	239	240
241	242	243	244	245	246	247	248	249	250
251	252	253	254	255	256	257	258	259	260
261	262	263	264	265	266	267	268	269	270
271	272	273	274	275	276	277	278	279	280
281	282	283	284	285	286	287	288	289	290
291	292	293	294	295	296	297	298	299	300
301	302	303	304	305	306	307	308	309	310
311	312	313	314	315	316	317	318	319	320
321	322	323	324	325	326	327	328	329	330
331	332	333	334	335	336	337	338	339	340
341	342	343	344	345	346	347	348	349	350
351	352	353	354	355	356	357	358	359	360
361	362	363	364	365	366	367	368	369	370
371	372	373	374	375	376	377	378	379	380
381	382	383	384	385	386	387	388	389	390
391	392	393	394	395	396	397	398	399	400
401	402	403	404	405	406	407	408	409	410
411	412	413	414	415	416	417	418	419	420
421	422	423	424	425	426	427	428	429	430
431	432	433	434	435	436	437	438	439	440
441	442	443	444	445	446	447	448	449	450
451	452	453	454	455	456	457	458	459	460
461	462	463	464	465	466	467	468	469	470
471	472	473	474	475	476	477	478	479	480
481	482	483	484	485	486	487	488	489	490
491	492	493	494	495	496	497	498	499	500

2.3.3　ペーター・プリヒタの素数円 (資料 P156 参照)

ペーター・プリヒタの素数円(簡易版)

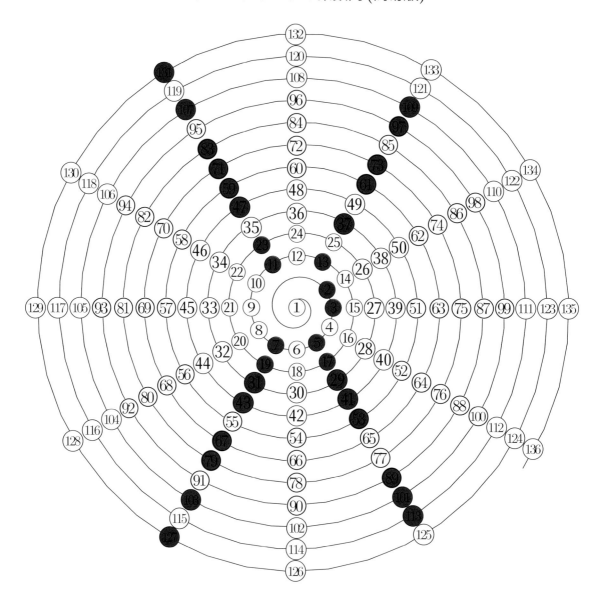

2.3.3.1　ペーター・プリヒタの素数円 (簡易版)

　ペーター・プリヒタの素数円は 1 から始まる 24 個の整数の同心円ですが 12 個ずつの方がわかりやすいだろうということで少し改良しました。タイトルに簡易版とあるのはこのことからです。1 が中央にあるのも私が改良しました。時計の文字盤を基準に並べたのも，螺旋の形に数を並べたのも私のアイデアです。素数に関する授業をするときには多少は熱く素数を語って欲しいし，わかって欲しいと思い作りました。指導のポイントは

(1) 2 と 3 以外の素数は $6n \pm 1$ の形で表せる。

(2) 6 の倍数の両隣にある素数の組を双子素数という。(ただし 3 と 5 を含む。)

(3) 6 の倍数で 120 の両隣が初めて両方ともに素数でない数になる。(次は 144)

(4) 素数を表す直線上にある数であっても必ずしも素数とは限らないが、素数は必ずその直線上 (1 時、5 時、7 時、11 時) にある。

なお Web 上には数表示がないワークシートもあります。これは数の並びをきちんと理解させるために、自分で書き入れていった方がいいと思う人のためです。また授業で時間短縮の必要があるときには別に素数表を配布するか、エラトステネスの篩を組み合わせて使用するといいでしょう。素数をみつけながらマークしていきます。

数学セミナー[5]で「素数のレース」が紹介されています。素数のレースとは 3 で割ったときに余りが 1 になる $3n+1$ 型の素数と、余りが 2 になる $3n-1$ 型の素数ではどちらの方が多いのかという問題です。この素数円で考えると 1 時と 7 時の方向の素数の合計と 5 時と 11 時の方向の素数の合計どちらが多いかという問題です。この素数円があれば問題の意図が素早くわかると思いませんか？ 雑誌の中で紹介されていたレースの様子は

数の範囲	100	200	300	500	700	1000
余り 1 の素数 ($3n+1$)	11	21	28	45	59	80
余り 2 の素数 ($3n-1$)	13	24	33	49	65	87

となって余り 2 の素数がリードしていますが、初めて余り 1 の素数が逆転するのが 608981813029 と書かれています。整数列大辞典 $A007352$ に載っていますが 1976 年にコンピュータを駆使してみつけたとも書かれています。他には 4 で割って余りが 1 になる $4n+1$ 型の素数と、余りが 3 になる $4n-1$ 型のグループのレース、これは素数円だと 1 時と 5 時の方向の素数の合計と 7 時と 11 時の方向の素数の合計の競争の記事もありました。どうしてこんな偏りがあるのかとか、またリーマン予想等への発展も書かれています。記事自体が具体例の数で細かく説明してありわかりやすいです。ぜひご一読してみてください。また Wikipedia では「チェビシェフの偏り」の頁に記事があります。

2.3.3.2 数の話. 〜素数〜 (1 つ前は本文 P15、次は本文 P38)

37 整数列大辞典 $A085959$ $A003020$

37 を素因数に持つ数は印象的です。

$111 = 3 \times 37$
$222 = 2 \times 3 \times 37$
$333 = 3^2 \times 37$
$444 = 2^2 \times 37$
$555 = 3 \times 5 \times 37$
$666 = 2 \times 3^2 \times 37$
$777 = 3 \times 7 \times 37$
$888 = 2^3 \times 3 \times 37$
$999 = 3^3 \times 37$

「4 桁のゾロ目は 11 と 101 を素因数にもち、5 桁のゾロ目は 41 と 271 をもちます。」(Oz)
例. $6666 = 2 \times 3 \times 11 \times 101$
$11111 = 41 \times 271$

83 整数列大辞典 $A133529$

83 は異なる 3 連続素数の平方和で表すことができる唯一の素数です。

$$83 = 3^2 + 5^2 + 7^2$$

証明) 素数を $p, q, r (p \geq 5)$ とする。
$p^2 + q^2 + r^2$
$= p^2 + q^2 + r^2 + 3 - 3$
$= p^2 - 1 + q^2 - 1 + r^2 - 1 + 3$
$= (p-1)(p+1) + \cdots + (r-1)(r+1) + 3$
ここで p, q, r は 5 以上の素数なので $p-1, p+1$ のどちらかは 3 の倍数である。よって 3 の倍数になる。

「3 日かかりました。できたときは嬉しかったです。」(Oz)

 整数列大辞典 $A232449$

名前と文字がつけられた素数があります。ベルフェゴール素数で、文字は π をひっくり返した形です。

$$\text{ユ} = 10^{30} + 666 \times 10^{14} + 1$$

1000000000000066600000000000001

「31 桁の素数で両端の 1 と 13 個の 0 に挟まれた中央の 666 が悪魔の心臓だそうです。」(Oz)

[5]2019 年 4 月号 P2「高校数学ではじめる整数論」

2.3.4 　分数から小数へ

指導内容	学　習　活　動	備　　考
分数から小数	問. 次の分数を小数にしてみよう。 $\dfrac{1}{2} = 0.5$ 　　　　$\dfrac{1}{3} = 0.3333\cdots$ $\dfrac{1}{4} = 0.25$ 　　　$\dfrac{1}{5} = 0.2$ $\dfrac{1}{6} = 0.1666\cdots$ 　$\dfrac{1}{7} = 0.142857142\cdots$ $\dfrac{1}{8} = 0.125$ 　　$\dfrac{1}{9} = 0.1111\cdots$ 問. どんな分数でも小数で表されるか調べてみよう。	・電卓を使って本時を行うことも可能です ・有限小数か循環小数になることを確認する ・グループ活動

　シンプルな授業である。例題から発展させてどんな分数でも必ず有限小数か循環小数になることを確認する授業である。このことが理解されれば，平方根の $\sqrt{2}$ や $\sqrt{3}$ のような小数では正確に表すことができない無理数について，より一層理解が深まるだろう。活動はグループ単位が良いであろう。資料では 50 までの数を載せておいたが，生徒の実態に応じて 20 までででもいいし，30 まで取り組ませてもいいだろう。グループで分担しあって解いたとき，$\dfrac{1}{17}$ または $\dfrac{1}{19}$ があたった生徒の「できない。」という声に応じて仲間が一緒になって取り組む姿をみることができる。時間があったら 100 までの有限小数 ($2^i \times 5^j$ の形) はたった 14 個しかないことにも触れるといいだろう。

(参考文献：新・高校数学外伝 日本評論社 1982 年)

2.3.4.1 　数の話. 〜循環小数〜   (1 つ前は本文 P37，次は本文 P53)

　私の Web 頁には数の話があります。数のテーマは数学の数の他に，一般の数の話，完全数の話，約数の数，各位の和の数，MMDD の数，聖書の数，聖母の数，工学の数等があります。

$\boxed{13}$ 　整数列大辞典 $A180340$

巡回数(ダイヤル数)を作る分数の分母は素数です。しかし $\dfrac{1}{13}$ は巡回数ではありません。

$\dfrac{1}{13} = 0.\dot{0}7692\dot{3}$

これは 13 が 12 桁未満の 9 の列を余りを出さずに割れるからです。

999999 ÷ 13 = 76923

$\boxed{\dfrac{1}{243}}$ 　整数列大辞典 $A021247$

分数を小数で書き表したとき特異な数字列になる数があります。

$\dfrac{1}{243} \fallingdotseq 0.004115226\cdots$

上の小数は循環節 27 の循環小数ですが，3 桁ごとに区切ると公差 111 の等差数列になっています。

「ファインマン(1918-1988)の著作で "quite cute"(かなりかわいい)と指摘しています。」(Oz)

$\boxed{142857}$ 　整数列大辞典 $A004042$

142857 は巡回数 (ダイヤル数) です。

$142857 \times 2 = 285714$
$142857 \times 3 = 428571$
$142857 \times 4 = 571428$
$142857 \times 5 = 714285$
$142857 \times 6 = 857142$

$\dfrac{1}{7} = 0.\dot{1}4285\dot{7}$

$n-1$ 桁で循環小数になる数の組が巡回数です。

2.3.4.2　資料．$\dfrac{1}{n}$ 小数表示

$\dfrac{1}{n}$	小数表示	$\dfrac{1}{n}$	小数表示
2	0.5	27	0.0370370370370···
3	0.3333···	28	0.0357142857142857···
4	0.25	29	0.0344827586206896551724137931034···
5	0.2	30	0.033333···
6	0.16666···	31	0.0322580645161290322···
7	0.142857142857···	32	0.03125
8	0.125	33	0.0303030303···
9	0.1111···	34	0.0294117647058823529411···
10	0.1	35	0.0285714285714···
11	0.09090909···	36	0.0277777···
12	0.0833333···	37	0.0270270270···
13	0.076923076923···	38	0.026315789473684210526315···
14	0.0714285714285···	39	0.025641025641···
15	0.066666···	40	0.025
16	0.0625	41	0.0243902439···
17	0.05882352941176470588235294···	42	0.0238095238095···
18	0.055555···	43	0.023255813953488372093023255···
19	0.05263157894736842105263157···	44	0.0227272727···
20	0.05	45	0.0222222···
21	0.047619047619···	46	0.02173913043478260869565217···
22	0.045454545···	47	0.02127659574468085106382978723404255319148936170212···
23	0.04347826086956521739130434···	48	0.020833333···
24	0.04166666···	49	0.0204081632653061224489795918367346938775510204···
25	0.04	50	0.02
26	0.0384615384615···		

2.3.5　数学ゲーム

　教科書に単純な 3 目並べがあったのには驚いた。今の生徒たちはやったことがあるのかなぁ〜。数多くあるゲームの中から単純で取り組みやすいものを取り上げてみました。

2.3.5.1　激カラサンドイッチ取りゲーム

(資料 P162 参照)

> 問. 2 人で先手，後手を決めて，12 切れのサンドイッチを交互に 1 回に 1 切れか 2 切れ取って食べます。ただし 12 切れの中の 1 切れは激カラサンドイッチで，それを食べなくてはならなくなったら負けです。

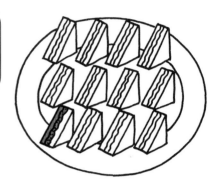

　右に載せたサンドイッチを何枚か紙で用意します。最初は問題の意味をつかむために，先生と代表生徒という形で紹介するといいと思います。問題の意味をつかんだら，2 人組を作って勝負開始です。勝ち上がってきた生徒と先生が最後の勝負をするといいかもしれません。でもこのゲームは先手必勝です。

　　　　(参考文献：「秋山 仁の算数ぎらい大集合」1994 年 7 月，画像はここから引用)

2.3.5.2　元気話．チョコレートケーキ

> 問. 右の図は上から見た正方形のケーキである。これを 3 等分してください。ただしケーキのまわりにはチョコレートが塗ってあり，これも等しく 3 等分してください。ケーキはひとかたまりの状態になってなくてはいけません。(切りきざみではいけません。)

　右の図のように普通に縦で 3 等分してしまうとケーキのスポンジ部分は等しく 3 等分になっているが，両側のケーキの①と③は真ん中の②よりもチョコレートが多くなってしまう。ケーキのスポンジ部分は正方形の $\frac{1}{3}$ の大きさで，かつ正方形の周辺の $\frac{4}{3}$ の長さをもつブロック 3 つに分けなければいけない。シンプルな問題であるが，答えは 1 つだけではないのでかなり面白い問題として挑戦することができる。
下に解答例を書いておいたが，まだまだ他の考え方で分割することができる。ぜひ第 4 の分け方，第 5 の分け方を見つけて欲しい。

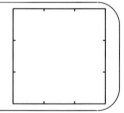

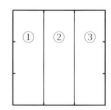

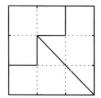

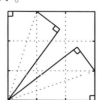

　　　　　　　　　　　　　　(参考文献：新・高校数学外伝 日本評論社 1982 年)

2.3.6 (m, k)-完全数

数 n がそこにあるとき，必ずその数の約数及び約数の和が存在する。その数の約数がある性質をもつときにはその数にその性質の名前が与えられる。例えば約数の個数がそれ以前のどの数よりも多くなる数には高度合成数，約数の和がそれ以前のどの数よりも大きくなる数には高度過剰数といった具合である。

2.3.6.1 完全数 (perfect number)

約数の和が自身の 2 倍になる完全数という数がある。式で表すと $\overset{シグマ}{\sigma}$ を約数関数とするとき

$$\sigma(n) = 2n$$

が成り立つ数である。

例えば 2 の約数は 1, 2 で，約数の和は 3 になり元の数 2 と比べると 1.5 倍になるので完全数ではない。最小の完全数は 6 である。6 の約数は 1, 2, 3, 6 で，約数の和は 12 になり $6 \times 2 = 12$ なので完全数である。完全数は自身を除く約数の和が自身になる数と定義しても同値である。完全数の歴史は古くユークリッド[6]は $2^p - 1$ (p は素数) が素数ならば $2^{p-1}(2^p - 1)$ は完全数になる証明を与えているし，18 世紀の数学者レオンハルト・オイラー[7]は偶数の完全数はこの形に限る証明を与えている。

2.3.6.2 メルセンヌ素数と超完全数

完全数は 6, 28, 496, 8128… でかなり少ない。現在 (2023 年 10 月) でも 51 個しかみつかっていない。$2^n - 1$ の形で表せるメルセンヌ数が素数のときこの数をメルセンヌ素数 (Mersenne prime) というが，このとき $2^{n-1}(2^n - 1)$ が完全数になるのである。現在発見されている最大のメルセンヌ素数は 2018 年 12 月に GIMPS[8]が発見した $2^{82589933} - 1$ なので現在の最大の完全数は $2^{82589932} \times (2^{82589933} - 1)$ で約 5000 万桁の数である。

先の例では 1 をとばしたが，1 の約数は 1 だけなので当然約数の和は 1 になる。1 は

$$\sigma(n) = n$$

が成り立つ唯一の数である。このことは 1 を除くすべての数が 1 を約数にもつので簡単に示すことができる。また 2 回連続で約数を求めると自身の 2 倍になる数は超完全数 (Superperfect number) という。完全数は (超完全数)×(メルセンヌ素数) で表される数である。

2.3.6.3 (m, k)-完全数

ここで 2 の約数の和 3 に注目しよう。2 の約数の和 3 は 2 の倍数でないことは明白であるが，3 の約数の和は 4 になるので，2 は 2 回連続で約数の和を求めると自身の 2 倍の数になる。よって 2 は最小の超完全数である。m 回約数の和を連続で求めて初めて自身の数 n の k 倍になる数を (m, k)-完全数とよぶことにする。数式で表すと

$$\sigma^m(n) = kn$$

であり，超完全数 2 は $(2, 2)$-完全数である。既知の完全数は $(1, 2)$-完全数であるし，1 は $(1, 1)$-完全数である。ではこの m と k を調べてみよう。

---

[6]Euclid BC300 年頃
[7]Leonhard Euler 1707-1783
[8]Great Internet Mersenne Prime Search

n	約数の和	m	k	備　考
2	$2 \to 3 \to 4$	2	2	超完全数
3	$3 \to 4 \to 7 \to 8 \to 15$	4	5	メルセンヌ素数
4	$4 \to 7 \to 8$	2	2	超完全数
5	$5 \to 6 \to 12 \to 28 \to 56 \to 120$	5	24	
6	$6 \to 12$	1	2	完全数
7	$7 \to 8 \to 15 \to 24 \to 60 \to 168$	5	24	メルセンヌ素数
8	$8 \to 15 \to 24$	2	3	
9	$9 \to 13 \to 14 \to 24 \to 60 \to 168 \to 480 \to 1512$	7	168	
10	$10 \to 18 \to 39 \to 56 \to 120$	4	12	

となり，どうやら整数 n を決めればいつかは自身の整数倍になるようである。本当だろうか？次の 11 は少し苦労が必要である。

$11 \to 12 \to 28 \to 56 \to 120 \to 360 \to 1170 \to 3276 \to 10192 \to 24738 \to 61440 \to 196584 \to 491520 \to 1572840 \to 5433480 \to 20180160 = 11 \times 1834560$

となり 15 回目でようやく自身 11 の倍数になり，11 は $(15, 1834560)$-完全数ということがわかる。

調べていくと 29 は 78 回目で 5175175002666936330768051725705248119610933324800 倍になることがわかる。私は UBASIC[9] を使って計算したが 76 回目で約数の和を求めるため，素因数を求める内部組み込み関数 prmdiv が素因数をみつけることができない 0 の値を返してきた。そのため別方法で素因数を与えるプログラムが必要になったほどである。

ここで，ある数 n を考えたとき，n が何回で自身の実数倍になるのだろう。以下の表に回数 m がその数以前の数より大きくなる n をまとめておいた。

順	n	m	順	n	m	順	n	m	順	n	m	順	n	m	順	n	m	順	n	m
①	1	1	⑥	11	15	⑪	67	101	⑯	239	261	㉑	659	1287	㉖	2797	2373
②	2	2	⑦	23	16	⑫	101	120	⑰	353	263	㉒	1319	1524	㉗	3229	2466
③	3	4	⑧	25	17	⑬	131	174	⑱	389	296	㉓	1579	1722	㉘	3517	2478
④	5	5	⑨	29	78	⑭	173	214	⑲	401	380	㉔	1847	1911	㉙	3967	2481
⑤	9	7	⑩	59	97	⑮	202	239	⑳	461	557	㉕	2309	2023	㉚	4003	不明

この n は現在整数列大辞典 $A019276$ に 26 個登録されている。それぞれの n の値に対応する m の値は整数列大辞典 $A019294$ にまだ 1578 までしか登録されていない。1579 以降は自分の計算結果であることを付け加えておく。㉚は 4003 であることはわかっているが，現在 3117 回で計算が止まっている。これは 301 桁の素因数分解できない数があるために約数の和を求めることができないためである。

具体的な数だけの考察で証明したわけではないが，どの数だって約数の和は自身の整数倍になるのである。ただ求める約数の和の回数が異なるだけなのである。何かに挑戦したときすぐにできてしまう人と努力に努力を重ねてできる人がいる。数だって同じなんだということを感じさせてくれた。

教科書にある素因数分解を用いた約数の和の計算だけで授業を構成してもいい。しかしそこで教科書のコラムに書かれてある完全数だけでなく (m, k)-完全数を紹介することによって，生徒に数の世界を体感させることも大切だと感じる。12 の約数の和は 2 番目の完全数 28 になる。数個の具体例から 12 までの (m, k)-完全数を求めさせれば 11 の (m, k)-完全数を求めるときには，11 の倍数の見分け方も必要になってくる。求めることの困難さと自力で求めることができた達成感も充分に味わわせることもできる。

---

[9] 多倍長計算用 BASIC

2.3.7 素数にならない数

ある数を素因数分解したとき，含まれる素因数の中で最も小さい数を最小素因数 (Smallest prime factor)，最も大きな素因数を最大素因数 (Largest prime factor) といいます。その数が素数のときは最小素因数と最大素因数は等しくなります。この事を踏まえてお読みください。

2.3.7.1 各位の和が 2 の数

各位の和が 2 の素数は現在 $2, 11, 101$ の 3 個みつかっていて，各位の和が 2 になる最大の素数は現在 101 です。これより大きな数で各位の和が 2 になる数は $10^n + 1 = 100\cdots001$ の形の数ですがすべて素数ではありません。ただ素数ではないという証明もされていないようです。

$n = 3$	$1001 = 7 \times 11 \times 13$	$n = 8$	$100000001 = 17 \cdot 5882353$
$n = 4$	$10001 = 73 \times 137$	$n = 9$	$1000000001 = 7 \cdot 11 \cdot 13 \cdot 19 \cdot 52579$
$n = 5$	$100001 = 11 \times 9091$	$n = 10$	$10000000001 = 101 \cdot 3541 \cdot 27961$
$n = 6$	$1000001 = 101 \times 9901$	$n = 11$	$100000000001 = 11^2 \cdot 23 \cdot 4093 \cdot 8779$
$n = 7$	$10000001 = 11 \times 909091$	$n = 12$	$1000000000001 = 73 \cdot 137 \cdot 99990001$

左側にある数がこの形の最小素因数 (整数列大辞典 $A038371$) で式の右側にある数が最大素因数 (整数列大辞典 $A003021$) です。この形の数の最小素因数はかなり限られた素因数が出現しています。$7, 11, 17, 73, 101$ 以外の最小素因数は $n = 14$ のときの $29 \cdot 101 \cdot 281 \cdot 121499449$ です。しかしこの数は 101 を素因数にもちます。$n = 16$ のときそれまでにはない新しい素因数 353 が出現します。

$$10^{16} + 1 = 353 \cdot 449 \cdot 641 \cdot 1409 \cdot 69857$$

2.3.7.2 1 から始まる連続整数を昇順に並べた数

1 から連続整数を並べた数の素数は現在 1 つも発見できていません。整数列大辞典のコメントを読むと，この形の数は素数にはならないという証明はされていないようです。

$$12 = 2^2 \times 3$$
$$123 = 3 \times 41$$
$$1234 = 2 \times 617$$
$$12345 = 3 \times 5 \times 823$$
$$123456 = 2^6 \times 3 \times 643$$
$$1234567 = 127 \times 9721$$
$$12345678 = 2 \times 3^2 \times 47 \times 14593$$
$$123456789 = 3^2 \times 3607 \times 3803$$
$$123\cdots1011 = 3 \cdot 7 \cdot 13 \cdot 67 \cdot 107 \cdot 630803$$
$$123\cdots1213 = 113 \cdot 125693 \cdot 869211457$$
$$123\cdots1617 = 3^2 \cdot 47 \cdot 4993 \cdot 584538396786764503$$
$$123\cdots1819 = 13 \cdot 43 \cdot 79 \cdot 281 \cdot 1193 \cdot 833929457045867563$$

この形の最小素因数は整数列大辞典の $A075019$ にあり，最大素因数は $A075022$ にあります。

2.3.7.3　$abb\cdots bbc$ の形の数

　ここでは形の決まった数に素数があるかないかを検証していきます。a, b を 1 桁の数，ただし $a \neq 0$，$c = 1, 3, 7, 9$ という条件で $abb\cdots bbc$ という 3 桁以上の数を作り素数があるかないかを調べていきます。断っておきますがあくまでも自分の計算結果が元となっています。整数列大辞典と比べましたが，整数列大辞典もまだまだ発展途上らしく自分が発見した全ての素数を正確に記述していませんでした。また明らかに素数でない形 $200\cdots 001$ や $999\cdots 999$ 等の 3 の倍数は除外しました。

(1)	3 の倍数	（略）				
(2)	7 の倍数	$466\cdots 669$	$622\cdots 223$	$700\cdots 007$	**$777\cdots 777$**	$933\cdots 331$
(3)	11 の倍数	**$122\cdots 221$**	$733\cdots 337$	$977\cdots 779$		
(4)	13 の倍数	**$144\cdots 443$**				
(5)	17 の倍数	**$188\cdots 887$**				
(6)	23 の倍数	**$255\cdots 553$**				
(7)	31 の倍数	**$344\cdots 441$**				
(8)	41 の倍数	**$455\cdots 551$**				
(9)	43 の倍数	**$477\cdots 773$**				
(10)	53 の倍数	**$588\cdots 883$**				
(11)	61 の倍数	**$677\cdots 771$**				
(12)	71 の倍数	**$788\cdots 881$**				
(13)	素数なし	$533\cdots 339$	$711\cdots 117$	$911\cdots 113$	$944\cdots 449$	$955\cdots 559$

　ここに書かなかった数のパターンには素数がありました。(次頁参照) 太字の数字は全て $m \times 111\cdots 111$ の形の数で簡単に素数にならないことが説明できる数です。その他の数はその数の倍数の見分け方から説明できそうです。素数がなかった数では $911\cdots 113$ と $944\cdots 449$ と $955\cdots 559$ の最小素因数は 3, 7, 11, 13 の 4 つが必ず出現したのでこれも説明できそうです。$533\cdots 339$ と $711\cdots 117$ の形は必ず合成数になるという説明はできそうにありません。読者の皆さんの挑戦に任せます。

　計算の精度を書いておくとこの過程でみつかった最大の素数は $344\cdots 447$ の形で 4 が 757 個並んだ 759 桁の素数でした。

　　　私は UBASIC を用いた自作のプログラムで調べましたが，時代遅れのソフトなので今の人たちは動かすのも大変だと思います。そこで大きな数を素因数分解してくれるサイトを紹介しておきます。https://www.alpertron.com.ar/ECM.HTM です。表記は英語ですが数を入力して $\boxed{\text{Factor}}$ をクリックすれば素因数分解してくれます。高速でかなり大きな桁まで大丈夫です。

2.3.7.4　221 の性質

　「数学のたのしみ No.14」に合成数 221 が素数を使った式で表してありました。
$$221 = 2 \times 3 \times 5 \times 7 + 11 = 13 \times 17$$
美しいと感じました。みなさんはどうですか？
　ここで本書の「はじめに」にある顔のキャラクターを紹介します。名前は"Ozawa 君"といい私の分身です。私は中学校勤務が長かったので，生徒の生活ノートへいつもサイン代わりに書いていました。怒り顔，泣き顔もあります。

2.3.7.5 $abb\cdots\cdots bbc$ の形 (101〜399) の素数

a	b	c	整数列大辞典	a	b	c	整数列大辞典	a	b	c	整数列大辞典
1	0	1	101	2	0	1	(3 の倍数)	3	0	1	A101823
1	0	3	A102006	2	0	3	A101951	3	0	3	(3 の倍数)
1	0	7	A102007	2	0	7	(9 の倍数)	3	0	7	A101824
1	0	9	A102008	2	0	9	A101952	3	0	9	(3 の倍数)
1	1	1	A004022	2	1	1	A068814	3	1	1	A068813
1	1	3	A093011	2	1	3	A101953	3	1	3	A056251
1	1	7	A093139	2	1	7	A101954	3	1	7	A101826
1	1	9	A055558	2	1	9	A101955	3	1	9	A101827
1	2	1	(11 の倍数)	2	2	1	A091189	3	2	1	A101828
1	2	3	A102009	2	2	3	A093162	3	2	3	A056252
1	2	7	A102010	2	2	7	A093167	3	2	7	A101830
1	2	9	A102011	2	2	9	A093401	3	2	9	A101831
1	3	1	A056244	2	3	1	(3 の倍数)	3	3	1	A123568
1	3	3	A093671	2	3	3	A093672	3	3	3	(3 の倍数)
1	3	7	A102013	2	3	7	(3 の倍数)	3	3	7	A093168
1	3	9	A102014	2	3	9	A101956	3	3	9	(3 の倍数)
1	4	1	A056245	2	4	1	A101957	3	4	1	(31 の倍数)
1	4	3	(13 の倍数)	2	4	3	A101958	3	4	3	A056253
1	4	7	A102016	2	4	7	A101959	3	4	7	A101833
1	4	9	A102017	2	4	9	A101960	3	4	9	A101834
1	5	1	A056246	2	5	1	A101961	3	5	1	A101835
1	5	3	A102019	2	5	3	(23 の倍数)	3	5	3	A056254
1	5	7	A102020	2	5	7	A101962	3	5	7	A101837
1	5	9	A102021	2	5	9	A101963	3	5	9	A101838
1	6	1	A056247	2	6	1	(3 の倍数)	3	6	1	A101839
1	6	3	A102023	2	6	3	A101964	3	6	3	(3 の倍数)
1	6	7	A102024	2	6	7	(3 の倍数)	3	6	7	A101840
1	6	9	A102025	2	6	9	A101965	3	6	9	(3 の倍数)
1	7	1	A056248	2	7	1	A101966	3	7	1	A101841
1	7	3	A102027	2	7	3	A101967	3	7	3	A056255
1	7	7	A088465	2	7	7	A093938	3	7	7	A093939
1	7	9	A102028	2	7	9	A101968	3	7	9	A101843
1	8	1	A056249	2	8	1	A101969	3	8	1	A101844
1	8	3	A102030	2	8	3	A101970	3	8	3	A056256
1	8	7	(17 の倍数)	2	8	7	A101971	3	8	7	A101846
1	8	9	A102031	2	8	9	A101972	3	8	9	A101847
1	9	1	A056250	2	9	1	(3 の倍数)	3	9	1	A101848
1	9	3	A102033	2	9	3	A101973	3	9	3	(3 の倍数)
1	9	7	A102034	2	9	7	(9 の倍数)	3	9	7	A101849
1	9	9	A055558	2	9	9	A055559	3	9	9	(3 の倍数)

2.3.7.6　*abb……bbc* の形 (401〜699) の素数

a	b	c	整数列大辞典	a	b	c	整数列大辞典	a	b	c	整数列大辞典
4	0	1	A101712	5	0	1	(3 の倍数)	6	0	1	A101517
4	0	3	A101713	5	0	3	A101568	6	0	3	(9 の倍数)
4	0	7	A101714	5	0	7	(3 の倍数)	6	0	7	A101518
4	0	9	A101715	5	0	9	A101569	6	0	9	(3 の倍数)
4	1	1	A068815	5	1	1	A068816	6	1	1	A093631
4	1	3	A101716	5	1	3	A101570	6	1	3	A101519
4	1	7	A101717	5	1	7	A101571	6	1	7	A101520
4	1	9	A101718	5	1	9	A101572	6	1	9	A101521
4	2	1	A101719	5	2	1	A101573	6	2	1	A101522
4	2	3	A101720	5	2	3	A101574	6	2	3	(7 の倍数)
4	2	7	A101721	5	2	7	A101575	6	2	7	A101523
4	2	9	A101722	5	2	9	A101576	6	2	9	A101524
4	3	1	A101723	5	3	1	(3 の倍数)	6	3	1	A101525
4	3	3	A093673	5	3	3	A093674	6	3	3	(3 の倍数)
4	3	7	A101724	5	3	7	(3 の倍数)	6	3	7	A101526
4	3	9	A101725	5	3	9	∅	6	3	9	(3 の倍数)
4	4	1	A093174	5	4	1	A101578	6	4	1	A101527
4	4	3	A093163	5	4	3	A101579	6	4	3	A101528
4	4	7	A092480	5	4	7	A101580	6	4	7	A101529
4	4	9	A093402	5	4	9	A101581	6	4	9	A101530
4	5	1	(41 の倍数)	5	5	1	A056684	6	5	1	A101531
4	5	3	A101726	5	5	3	A093164	6	5	3	A101532
4	5	7	A101727	5	5	7	A093169	6	5	7	A101533
4	5	9	A101728	5	5	9	A093403	6	5	9	A101534
4	6	1	A101729	5	6	1	(3 の倍数)	6	6	1	A092571
4	6	3	A101730	5	6	3	A101582	6	6	3	(3 の倍数)
4	6	7	A101731	5	6	7	(3 の倍数)	6	6	7	A093170
4	6	9	(7 の倍数)	5	6	9	A101583	6	6	9	(3 の倍数)
4	7	1	A101732	5	7	1	A101584	6	7	1	(61 の倍数)
4	7	3	(43 の倍数)	5	7	3	A101585	6	7	3	A101535
4	7	7	A093940	5	7	7	A093941	6	7	7	A093942
4	7	9	A101733	5	7	9	A101586	6	7	9	A101536
4	8	1	A101734	5	8	1	A101587	6	8	1	A101537
4	8	3	A101735	5	8	3	(53 の倍数)	6	8	3	A101538
4	8	7	A101736	5	8	7	A101588	6	8	7	A101539
4	8	9	A101737	5	8	9	A101589	6	8	9	A101540
4	9	1	A101738	5	9	1	(3 の倍数)	6	9	1	A101541
4	9	3	A101739	5	9	3	A101590	6	9	3	(9 の倍数)
4	9	7	A101740	5	9	7	(3 の倍数)	6	9	7	A101542
4	9	9	A093945	5	9	9	A093946	6	9	9	(3 の倍数)

2.3.7.7 $abb\cdots\cdots bbc$ の形 (701〜999) の素数

a	b	c	整数列大辞典	a	b	c	整数列大辞典	a	b	c	整数列大辞典
7	0	1	A101128	8	0	1	(9 の倍数)	9	0	1	A100997
7	0	3	A101129	8	0	3	A101056	9	0	3	(3 の倍数)
7	0	7	(7 の倍数)	8	0	7	(3 の倍数)	9	0	7	A100998
7	0	9	A101130	8	0	9	A101057	9	0	9	(9 の倍数)
7	1	1	A093632	8	1	1	A093633	9	1	1	A093634
7	1	3	A101131	8	1	3	A101058	9	1	3	$\varnothing$
7	1	7	$\varnothing$	8	1	7	A101059	9	1	7	A100999
7	1	9	A101132	8	1	9	A101060	9	1	9	A056264
7	2	1	A101133	8	2	1	A101061	9	2	1	A101001
7	2	3	A101134	8	2	3	A101062	9	2	3	A101002
7	2	7	A056257	8	2	7	A101063	9	2	7	A101003
7	2	9	A101136	8	2	9	A101064	9	2	9	A056265
7	3	1	A101137	8	3	1	(3 の倍数)	9	3	1	(7 の倍数)
7	3	3	A093675	8	3	3	A093676	9	3	3	(3 の倍数)
7	3	7	(11 の倍数)	8	3	7	(3 の倍数)	9	3	7	A101005
7	3	9	A101138	8	3	9	A101065	9	3	9	(3 の倍数)
7	4	1	A101139	8	4	1	A101066	9	4	1	A101006
7	4	3	A101140	8	4	3	A101067	9	4	3	A101007
7	4	7	A056258	8	4	7	A101068	9	4	7	A101008
7	4	9	A101142	8	4	9	A101069	9	4	9	$\varnothing$
7	5	1	A101143	8	5	1	A101070	9	5	1	A101009
7	5	3	A101144	8	5	3	A101071	9	5	3	A101010
7	5	7	A056259	8	5	7	A101072	9	5	7	A101011
7	5	9	A101146	8	5	9	A101073	9	5	9	$\varnothing$
7	6	1	A101147	8	6	1	(3 の倍数)	9	6	1	A101012
7	6	3	A101148	8	6	3	A101074	9	6	3	(3 の倍数)
7	6	7	A056260	8	6	7	(3 の倍数)	9	6	7	A101013
7	6	9	A101150	8	6	9	A101075	9	6	9	(3 の倍数)
7	7	1	A093176	8	7	1	A101076	9	7	1	A101014
7	7	3	A093165	8	7	3	A101077	9	7	3	A101015
7	7	7	(7 の倍数)	8	7	7	A093943	9	7	7	A093944
7	7	9	A093404	8	7	9	A101078	9	7	9	(11 の倍数)
7	8	1	(71 の倍数)	8	8	1	A092675	9	8	1	A101016
7	8	3	A101151	8	8	3	A093166	9	8	3	A101017
7	8	7	A056262	8	8	7	A093171	9	8	7	A101018
7	8	9	A101153	8	8	9	A093405	9	8	9	A056266
7	9	1	A101154	8	9	1	(3 の倍数)	9	9	1	A093177
7	9	3	A101155	8	9	3	A101079	9	9	3	(3 の倍数)
7	9	7	A056263	8	9	7	(3 の倍数)	9	9	7	A093172
7	9	9	A093947	8	9	9	A093948	9	9	9	(9 の倍数)

2.3.7.8　n から始まる連続整数を昇順に並べた素数

　1 から始まる連続整数を並べた数の素数は現在発見できていないと書きましたが，それ以外の数をスタートとする連続整数を並べた数は素数になる数があります。

n	$prime$	桁数	整数列大辞典
1	I could′t find out.		
2	23	2	A089987
3	345678910111213141516171819	27	A140793
4	4567	4	
5	567891011121314151617	21	A128887
6	67	2	A140793
7	78910111213	11	
8	89	2	
9	9101112……185186187	445	A341715
10	I could′t find out.		
11	111213……307308309	808	
12	1213	4	
13	I could′t find out. (13 is prime.)		
14	14151617	8	
15	1516171819	10	
16	161718……414243	56	A341715
17	171819……373839	46	
18	I could′t find out.		
19	I could′t find out. (19 is prime.)		
20	20212223	8	

　整数列大辞典では 9 から始まる連続素数でさえ 2021 年に書き込まれました。自分がみつけた 11 からの連続素数はまだどこにも登録されていないようです。

2.3.7.9　n から始まる連続整数を降順に並べた素数

n	$prime$	桁数
1	828180……321	155
3	43	2
7	10987	5
9	109	3
11	686766……131211	116
13	2524232221201918171615141 3	26
17	484746……191817	64
19	22212019	8
21	2221	4

整数列大辞典ではこれらの数はばらばらに
登録されています。

2.3.7.10　基本定数の数字列からなる素数

n	$prime$	桁数	整数列大辞典
$\sqrt{2}$	141……073	55	A115453
$\sqrt{3}$	173	3	A119343
$\sqrt{5}$	223	3	A242835
$\sqrt{10}$	316277	6	A136582
π	314159	6	A005042
e	271	3	A007512
φ	1618033	7	A064117

（ただし $prime$ は 3 桁以上）

2.3.8 素因数分解の一意性

数学 A の教科書では「素因数分解の一意性」は

合成数は，必ず因数分解できる。また，1 つの合成数の素因数分解は，積の順序を考えなければ，1 通りであることが知られている。このことを，素因数分解の一意性という。(数研出版)

で終わっています。でも意外と奥が深い問題です。書籍からの文をお読みください。

なぜ素因数分解の一意性は，それほど自明ではないのか？

素数は整数論の世界の原子のようなものだから，整数を素数の因子に分解すれば必ず同じ「原子」が検出されるのは，ほとんど自明なことのように思える。原子とは，分割不可能な要素だと定義されている。もし，整数の分解が 2 通りのやり方でできたとしたら，分解できないはずの原子を分割したことになってしまわないだろうか？ しかし，ここで化学とのアナロジーですべて考えるのは，誤解のもとだ。

素因数分解の一意性がそんなに自明でないことを理解するために，ここで次のような整数の部分集合を考えてみよう。

$$1, 5, 9, 13, 17, 21, 25, 29, \cdots$$

等々，これは，4 の倍数に 1 を加えた形になる正の整数の全体である。こうした数同士を掛けても同じ性質が保たれるので，このタイプの数を同じタイプより小さな数を掛け合わせて合成することができる。$((4m+1)(4n+1) = 4(4mn+m+n)+1$ だから $4n+1$ の形をした整数全体の集合は積という演算で閉じている。) そこで，ふつうの整数の世界で素数を考えたのと同様のやり方で，「擬素数」というものを定義しよう。擬素数とはこのタイプ数であって，同じタイプのより小さな数の積としては表せない数のことである。たとえば，9 は擬素数である。上のリストを見てわかるように，9 より小さな同じタイプの数は 1 と 5 であり，9 はこれらの積では表せないからだ (もちろん $3 \times 3 = 9$ ではあるが 3 はリスト外の数である)。

このタイプの数も，必ず擬素数の積の形で表すことができるのは明らかである。しかし，これら擬素数がこの集合の「原子」に相当するにもかかわらず，ここでは少し奇妙なことが生じる。たとえば 693 は，$693 = 9 \times 77 = 21 \times 33$ と 2 つの異なる方法で分解できてしまう。ここで現れる 4 つの因数 9, 21, 33 および 77 は，すべてここでいう擬素数である。素因数分解の一意性は，このタイプの数の体系に関しては成立しないのである。
(イアン・スチュアート 著，沼田寛訳『無限をつかむ イアン・スチュアートの数学物語』近代科学社，2013 年 8 月)

証明は思っているほどやっかいだということがわかりましたか？ もちろん生徒には必要ない証明ですが，本来はこのようにほとんど自明のように思える問題も証明していかなければいけないんだということを感じさせてもいいのではと思います。

第3章　数学 II

3.1　式と証明

3.1.1　パスカルの三角形 (資料 P157 参照)

　パスカル[1]の三角形において偶数を赤，奇数を青で塗るお絵かきです。単純ですが面白いです。数を最後まで計算してから塗る猛者も数人いることでしょう。出現する図形は「シェルピンスキーのギャスケット」とよばれるフラクタル図形[2]です。Wikipedia にはアニメーションがあります。併用するといいでしょう。

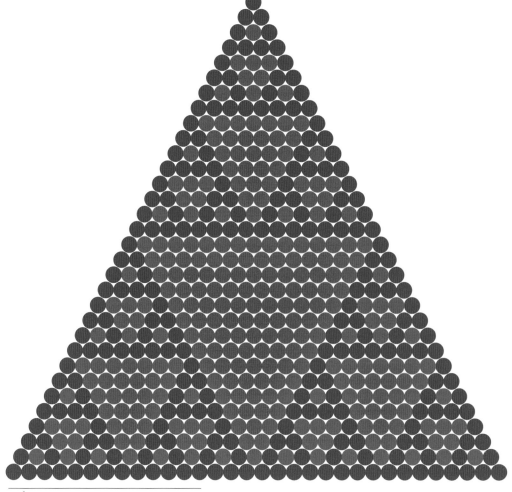

---

[1]Blaise Pascal 1623-1662
[2]本文 P25 参照

3.2 複素数と方程式

3.2.1 高次方程式と $\sqrt{i}$ (本文 P137 参照)

目　標　高次方程式の解法を通して，虚数単位 i に関する理解を深める。

学　習　活　動	備　考
問. 次の方程式を解いてみよう。 (1) $x^3 - 1 = 0$ 　$(x-1)(x^2+x+1) = 0$ 　$x = 1, \dfrac{-1 \pm \sqrt{3}\,i}{2}$ (2) $x^3 + 1 = 0$ 　$(x+1)(x^2-x+1) = 0$ 　$x = -1, \dfrac{1 \pm \sqrt{3}\,i}{2}$ (3) $x^4 - 1 = 0$ 　$(x^2-1)(x^2+1) = 0$ 　$x = \pm 1, \pm i$ (4) $x^4 + 1 = 0$ 　$x^4 = -1$ 　$x^2 = \pm i$ 　$x^2 = \pm\sqrt{i}, \pm\sqrt{-i}$	・$x^3 - 1 = 0$ を満たす虚数解は $\overset{\text{オメガ}}{\omega}$ で表す ・$x^2 = t$ と置き換えても可
問. ここででてきた $\sqrt{i}$ や $\sqrt{-i}$ はどんな数なんだろう？ $x^4 + 1 = 0$ を他の方法で解くことはできないだろうか？ $$x^4 + 1 = 0$$ $$x^4 + 1 + 2x^2 - 2x^2 = 0$$ $$(x^2+1)^2 - 2x^2 = 0$$ $$(x^2+1)^2 - (\sqrt{2}\,x)^2 = 0$$ $$(x^2 + \sqrt{2}\,x + 1)(x^2 - \sqrt{2}\,x + 1) = 0$$ $$x = \frac{\sqrt{2} \pm \sqrt{2}\,i}{2}, \frac{-\sqrt{2} \pm \sqrt{2}\,i}{2}$$	・ある程度考えさせ因数分解による解法のヒントを与える
問. どうやって対応させたらいいんだろう？	・4 つの解は対称群になっているので基本どれを基準にしても良い ・$\sqrt{-i} = \sqrt{i}\,i$ ・分母を有理化しない方が簡単な形になることを伝える

$\sqrt{i}$	$-\sqrt{i}$	$\sqrt{-i}$	$-\sqrt{-i}$
$\dfrac{\sqrt{2}+\sqrt{2}\,i}{2}$	$-\dfrac{\sqrt{2}+\sqrt{2}\,i}{2}$	$\dfrac{-\sqrt{2}+\sqrt{2}\,i}{2}$	$-\dfrac{-\sqrt{2}+\sqrt{2}\,i}{2}$
$\dfrac{1+i}{\sqrt{2}}$	$-\dfrac{1+i}{\sqrt{2}}$	$\dfrac{-1+i}{\sqrt{2}}$	$-\dfrac{-1+i}{\sqrt{2}}$

問. $17 = 2^4 + 1$ で表せることより，今日の式変形を利用していろいろな積の形に表してみよう。

・$\dfrac{1+i}{\sqrt{2}}$ $= \cos\dfrac{\pi}{4} + i\sin\dfrac{\pi}{4}$ $= e^{\frac{\pi}{4}i}$

$17 = (5 + 2\sqrt{2})(5 - 2\sqrt{2})$　　$17 = (4+i)(4-i) = (1+4i)(1-4i)$
$17 = (6 + \sqrt{19})(6 - \sqrt{19})$　　$17 = (3 + 2\sqrt{2}\,i)(3 - 2\sqrt{2}\,i)$
$17 = (7 + 4\sqrt{2})(7 - 4\sqrt{2})$　　$17 = (2 + \sqrt{13}\,i)(2 - \sqrt{13}\,i)$

・時間があれば ω の性質にも触れる

3.2.2　3 次方程式解の公式

2 次方程式解の公式は中学 3 年生で学びますが，2 次方程式を勉強するんだったらその次の 3 次方程式だって知っておくくらいは勉強した方がいいんじゃないかと思いまとめました。ここでは一般に知られている 2 次の項をなくしたカルダノの公式ではなく，方程式の係数をそのまま使用する解の公式を紹介します。

3 次方程式 $ax^3 + bx^2 + cx + d = 0$ の解 x_1, x_2, x_3 は

$$\begin{cases} X = -27a^2d + 9abc - 2b^3 \\ Y = 3ac - b^2 \end{cases}$$

とするとき

$$\begin{cases} x_1 = \dfrac{1}{3a}\left(\dfrac{\sqrt[3]{\sqrt{X^2+4Y^3}+X}}{\sqrt[3]{2}} - \dfrac{\sqrt[3]{2}\,Y}{\sqrt[3]{\sqrt{X^2+4Y^3}+X}} - b\right) \\[3mm] x_2 = \dfrac{1}{3a}\left(\dfrac{1-\sqrt{3}\,i}{2}\cdot\dfrac{\sqrt[3]{\sqrt{X^2+4Y^3}+X}}{\sqrt[3]{2}} - \dfrac{1+\sqrt{3}\,i}{2}\cdot\dfrac{\sqrt[3]{2}\,Y}{\sqrt[3]{\sqrt{X^2+4Y^3}+X}} - b\right) \\[3mm] x_3 = \dfrac{1}{3a}\left(\dfrac{1+\sqrt{3}\,i}{2}\cdot\dfrac{\sqrt[3]{\sqrt{X^2+4Y^3}+X}}{\sqrt[3]{2}} - \dfrac{1-\sqrt{3}\,i}{2}\cdot\dfrac{\sqrt[3]{2}\,Y}{\sqrt[3]{\sqrt{X^2+4Y^3}+X}} - b\right) \end{cases}$$

と表せる。上の式は $\omega = \dfrac{-1+\sqrt{3}\,i}{2}$ とすると $\omega^2 = \dfrac{-1-\sqrt{3}\,i}{2}$ より

$$\begin{cases} x_1 = \dfrac{1}{3a}\left(\dfrac{\sqrt[3]{\sqrt{X^2+4Y^3}+X}}{\sqrt[3]{2}} - \dfrac{\sqrt[3]{2}\,Y}{\sqrt[3]{\sqrt{X^2+4Y^3}+X}} - b\right) \\[3mm] x_2 = \dfrac{1}{3a}\left(-\omega\cdot\dfrac{\sqrt[3]{\sqrt{X^2+4Y^3}+X}}{\sqrt[3]{2}} + \omega^2\cdot\dfrac{\sqrt[3]{2}\,Y}{\sqrt[3]{\sqrt{X^2+4Y^3}+X}} - b\right) \\[3mm] x_3 = \dfrac{1}{3a}\left(-\omega^2\cdot\dfrac{\sqrt[3]{\sqrt{X^2+4Y^3}+X}}{\sqrt[3]{2}} + \omega\cdot\dfrac{\sqrt[3]{2}\,Y}{\sqrt[3]{\sqrt{X^2+4Y^3}+X}} - b\right) \end{cases}$$

と変形できる。具体例で考察してみよう。

$(x-1)(x-2)(x-3)=0$ は解 $x=1$, $x=2$, $x=3$ をもつ。これを一般形に直すと

$$x^3 - 6x^2 + 11x - 6 = 0$$

より $a=1$, $b=-6$, $c=11$, $d=-6$

$$\begin{aligned} X &= -27a^2d + 9abc - 2b^3 \\ &= -27\times 1^2\times(-6) + 9\times1\times(-6)\times11 - 2\times(-6)^3 \\ &= 162 - 594 + 432 \\ &= 0 \end{aligned} \qquad \begin{aligned} Y &= 3ac - b^2 \\ &= 3\times1\times11 - (-6)^2 \\ &= 33 - 36 \\ &= -3 \end{aligned}$$

よって $X=0$, $a=1$, $b=-6$ を x_1 の式に代入すると

$$\begin{aligned} x_1 &= \frac{1}{3\times1}\left\{\frac{\sqrt[3]{\sqrt{4Y^3}}}{\sqrt[3]{2}} - \frac{\sqrt[3]{2}\,Y}{\sqrt[3]{\sqrt{4Y^3}}} - (-6)\right\} \\ &= \frac{1}{3}\left(\frac{2^{\frac{1}{3}}\sqrt{Y}}{2^{\frac{1}{3}}} - \frac{2^{\frac{1}{3}}\,Y}{2^{\frac{1}{3}}\sqrt{Y}} + 6\right) \\ &= \frac{1}{3}(\sqrt{Y} - \sqrt{Y} + 6) \\ &= 2 \end{aligned}$$

ようやく 3 つある解の 1 つを求めることができました。

$\sqrt{Y} = \sqrt{3}\,i$ より

$$x_2 = \frac{1}{3}(-\omega\sqrt{Y} + \omega^2\sqrt{Y} + 6)$$
$$= \frac{1}{3}\cdot\left(-\frac{-1+\sqrt{3}\,i}{2}\cdot\sqrt{3}\,i + \frac{-1-\sqrt{3}\,i}{2}\cdot\sqrt{3}\,i + 6\right)$$
$$= \frac{1}{3}\cdot\left(\frac{\sqrt{3}\,i+3}{2} + \frac{-\sqrt{3}\,i+3}{2} + 6\right)$$
$$= \frac{1}{3}\cdot(3+6)$$
$$= 3$$

$$x_3 = \frac{1}{3}(-\omega^2\sqrt{Y} + \omega\sqrt{Y} + 6)$$
$$= \frac{1}{3}\cdot\left(\frac{1+\sqrt{3}\,i}{2}\cdot\sqrt{3}\,i + \frac{-1+\sqrt{3}\,i}{2}\cdot\sqrt{3}\,i + 6\right)$$
$$= \frac{1}{3}\cdot\left(\frac{\sqrt{3}\,i-3}{2} + \frac{-\sqrt{3}\,i-3}{2} + 6\right)$$
$$= \frac{1}{3}\cdot(-3+6)$$
$$= 1$$

どうしてこのような解の公式が導き出されるのかは省略しました。あくまで2次方程式の解の公式を難しく感じている生徒に対して，3次方程式の解の公式を紹介すれば2次方程式の解の公式が簡単に思えるのでは…と感じてまとめました。自分なりに少し変形しました。学術書とは少し異なるかもしれません。お断りしておきます。

3次方程式 $ax^3 + bx^2 + cx + d = 0$ の解 x_1, x_2, x_3 は

$$\begin{cases} X = -27a^2d + 9abc - 2b^3 \\ Y = 3ac - b^2 \\ Z = \dfrac{\sqrt[3]{\sqrt{X^2 + 4Y^3} + X}}{\sqrt[3]{2}} \end{cases}$$

とするとき3つの解は

$$\begin{cases} x_1 = \dfrac{1}{3a}\left(Z - \dfrac{Y}{Z} - b\right) \\ x_2 = \dfrac{1}{3a}\left(-\omega Z + \omega^2\dfrac{Y}{Z} - b\right) \\ x_3 = \dfrac{1}{3a}\left(-\omega^2 Z + \omega\dfrac{Y}{Z} - b\right) \end{cases}$$
$a = 1$ のとき
$$\begin{cases} x_1 = \dfrac{1}{3}\left(Z - \dfrac{Y}{Z} - b\right) \\ x_2 = \dfrac{1}{3}\left(-\omega Z + \omega^2\dfrac{Y}{Z} - b\right) \\ x_3 = \dfrac{1}{3}\left(-\omega^2 Z + \omega\dfrac{Y}{Z} - b\right) \end{cases}$$

3次方程式の解の公式を板書すれば2次方程式の公式がいかに簡単かわかる，と思うのは数学の教師だけかな？ 2000年1月号の数学セミナーに「5次方程式と根の公式」の記事があります。

3.2.2.1 数の話．～方程式の解～

（1つ前は本文 P38，次は本文 P54）

整数列大辞典
A078333

(無理数)$^{(無理数)}$ が有理数になる例です。この数は超越数です。

$$\sqrt{2}^{\sqrt{2}} \fallingdotseq 1.63252691\cdots$$
$$(1.63252691\cdots)^{\sqrt{2}} = 2$$

数	近似値	整数列大辞典
$\sqrt{2}^{\sqrt{2}}$	$1.63252691\cdots$	A078333
$\sqrt{3}^{\sqrt{2}}$	$2.17458142\cdots$	A185110
$\sqrt{5}^{\sqrt{2}}$	$3.12065982\cdots$	

「超越数とは係数が有理数の代数方程式では解として出現しない無限小数です。」(Oz)

ρ
整数列大辞典
A060006

高次方程式 $x^3 = x+1$ を成り立たせる唯一の実数解はプラスチック数（$\overset{ロ}{\rho}$）といいます。

$$\rho = \sqrt[3]{\frac{9+\sqrt{69}}{18}} + \sqrt[3]{\frac{9-\sqrt{69}}{18}}$$
$$= \sqrt[3]{1 + \sqrt[3]{1 + \sqrt[3]{1+\cdots}}}$$
$$\fallingdotseq 1.32471795724\cdots$$

「名前の由来はどこだろう？」(Oz)

（ρ^2参照）

整数列大辞典
A109134

プラスチック数の ρ^2 は下の方程式を満たす数です。(ρ参照)

$$(x-1)^2 = \frac{1}{x}$$
$$(\rho^2-1)^2 = \frac{1}{\rho^2}$$
$$(\rho^3-\rho-1)(\rho^3-\rho+1) = 0$$
$$\rho^2 \fallingdotseq 1.754877\cdots$$

「ρ^2 の実数値で検索していたら偶然に発見しました。因数分解できたことに感動しました。」(Oz)

3.3　図形と方程式

3.3.1　円積問題

　「円積問題」を知っていますか。与えられた円と等しい面積の正方形を作図する問題です。昔から知られている問題で，現在ではコンパスと定規だけでは作図不可能と証明されている問題です。でもある条件が与えられれば作図できます。それが半回転させた円と元の円が描かれた問題図です。この状態から円 O と同じ面積の正方形の作図に挑戦します。

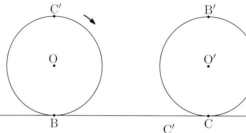

　解答は次頁でもいいですけどかなり難しいと思うので載せますね。

　　　　作図手順

① AC の中点を M とする。
② 中心 M とし半径 MA の円を作図する。
③ OB を延長し②の円との交点を D とする。
④ 線分 BD が求める正方形の 1 辺の長さになる。

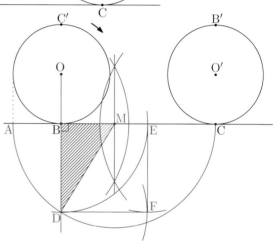

3.3.1.1　数の話．〜ベン図〜

$$AB = r, BC = \pi r \text{ より}$$
$$AC = \pi r + r = r(\pi + 1)$$
$$AM = \frac{r(\pi + 1)}{2}$$
$$BM = AM - r = \frac{r(\pi + 1)}{2} - r = \frac{r(\pi - 1)}{2}$$
$$BD^2 = MD^2 - MB^2$$
$$= \left\{\frac{r(\pi + 1)}{2}\right\}^2 - \left\{\frac{r(\pi - 1)}{2}\right\}^2$$
$$= \frac{r^2(\pi^2 + 2\pi + 1 - \pi^2 + 2\pi - 1)}{4}$$
$$= \frac{r^2 \times 4\pi}{4}$$
$$= \pi r^2$$

（参考文献：数学基礎 2007 年 東京書籍）

④

4 つの集合からできる $2^4 = 16$ 個の部分集合の領域を表すベン図は楕円を使います。

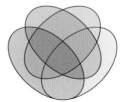

「画像はWikipediaの「ベン図」からです。11個の集合のベン図が2012年に発見されました。」(Oz)

3.4　三角関数

3.4.1　何回まわった？

　数学 I で学んだ三角比の発展教材として数学 II では三角関数を学びます。教科書にあった回転量という言葉から，小学生の不思議教材でみつけた「何回まわった？」が回転量に気づかせる教材としていいのではないかと思いました。

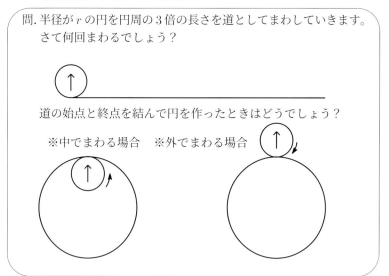

問. 半径が r の円を円周の 3 倍の長さを道としてまわしていきます。
　　さて何回まわるでしょう？

道の始点と終点を結んで円を作ったときはどうでしょう？

　　※中でまわる場合　　※外でまわる場合

　これが今回の問題です。「えっ？　高校生に小学校の問題？　バカにするなよ！」ですって…。そんなこと言わずにつきあってください。
　まわす小さな円の円周を ℓ，大きな円の円周を L として単純に計算すると…
$$\ell = 2\pi r \qquad\qquad L = 2\pi r \times 3$$
$$= 6\pi r$$
　よって
$$\frac{L}{\ell} = \frac{6\pi r}{2\pi r} = 3$$
　このことから小さな円はどこの道でも 3 回まわることになります。当たり前ですね。じゃ実際にやってみましょう。(直線上は省きます。)

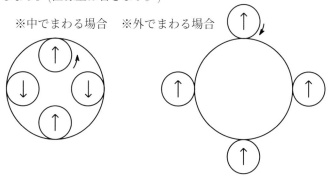

　　※中でまわる場合　　※外でまわる場合

　あれ？　中でまわる時は 2 回しかまわりませんよ。外でまわる時は 4 回もまわりましたよ。おかしくありませんか？　(解答を見る前に自分で考えてくださいね。)

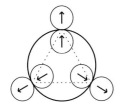

　左の図を見ると一目瞭然ですね。回転数はまわっている円を基準とした回転数なのです。どちらもちゃんと 3 回まわっているんですよ。まだわかりませんか？　内側を回るときは大きな円の中に立って，外側を回るときは大きな円の外に立って小さな円を見てください。

　授業で扱いましたが，段ボールで直線と円形の線を造って，黒板に貼り付けるようにマグネットを付けて完成です。後半の不思議さを演出するため，最初に直線の長さと円形の長さがほぼ等しいことを示します。これは円形の線の方が見た目短く感じるからです。回すものは中心をくりぬいて指示棒をつければ横から回すことができます。円形の中には何か生徒の興味関心を引くような物を貼り付けるといいと思います。生徒がどんな説明を考えたのか……ここでは書くのをやめます，授業をやってみてください。おもしろい意見がいろいろ飛び出ると思いますよ。

3.4.2　三角関数とチェビシェフ多項式

　ちょうど元号が令和になった年から舞台を中学から高校に移して仕事をしている。んで今日のテーマの三角関数。昔は得意だったような…気がする。昨年の 4 月，数学 II の三角関数の教材がスタートの時はビビったビビった。何せ何にも公式が思い出せない。咲いたコスモス，コスモス咲いた？　うろ覚えの公式よりも自分で加法定理を導いてしまえ！　って思っても時間がかかることかかること…。ましてや倍角の公式？　3 倍角？　何だそりゃ？　高校数学に触れていなければ忘れるのは当たり前！　なんて思ってもそれはプロとして失格かな？

　で，今日の話。簡単に三角関数の公式を覚えることのできる式発見！　名前は**チェビシェフ多項式**です。スタートは $\cos 2\theta$ からです。

$$\cos 2\theta = 2\cos^2\theta - 1$$
$$\cos 3\theta = 4\cos^3\theta - 3\cos\theta$$
$$\cos 4\theta = \cdots\cdots$$

　この後ずっと続くんだけど，これを読んでいる高校教員の皆さんどうやって覚えています？　私は今まではその都度，計算していました。自慢じゃないけど若い時には計算速かったんだ。ほとんどの公式は覚えてなくて，その都度求めていた。でもこの関係が 1 つの漸化式で表せるなんて知らなかった〜。その漸化式とは…

$$T_0(x) = 1,\ T_1(x) = x$$
$$T_n(x) = 2xT_{n-1}(x) - T_{n-2}(x)$$

実際にやってみますね。

$$
\begin{array}{ll}
T_1(x) = x & \cos 1\theta = \cos\theta \\
T_2(x) = 2x^2 - 1 & \cos 2\theta = 2\cos^2\theta - 1 \\
T_3(x) = 4x^3 - 3x & \cos 3\theta = 4\cos^3\theta - 3\cos\theta \\
T_4(x) = 8x^4 - 8x^2 + 1 & \cos 4\theta = 8\cos^4\theta - 8\cos^2\theta + 1
\end{array}
$$

少しは驚きました？　次は $\sin\theta$ ですよ。

$$\sin 2\theta = 2\sin\theta\cos\theta$$
$$\sin 3\theta = 3\sin\theta - 4\sin^3\theta$$
$$\sin 4\theta = \cdots\cdots$$

この漸化式は

$$U_0(x) = 1 , \ U_1(x) = 2x$$
$$U_n(x) = 2xU_{n-1}(x) - U_{n-2}(x)$$

$U_1(x) = 2x$ $\qquad \dfrac{\sin 2\theta}{\sin \theta} = 2\cos\theta$ $\qquad \sin 2\theta = 2\sin\theta\cos\theta$

$U_2(x) = 4x^2 - 1$ $\qquad \dfrac{\sin 3\theta}{\sin \theta} = 4\cos^2\theta - 1$ $\qquad \sin 3\theta = 4\sin\theta\cos^2\theta - \sin\theta$
$$= 3\sin\theta - 4\sin^3\theta$$

$U_3(x) = 8x^3 - 4x$ $\qquad \dfrac{\sin 4\theta}{\sin \theta} = 8\cos^3\theta - 4\cos\theta$ $\qquad \sin 4\theta = 8\sin\theta\cos^3\theta - 4\sin\theta\cos\theta$
$$= 4\sin\theta\cos\theta - 8\sin^3\theta\cos\theta$$

今じゃ関数電卓の近似値で構わない人がほとんどだと思うけど，理学を志す人は感動して欲しいなぁ〜。まだまだ感動がほしいという方は「チェビシェフ多項式と n 倍角の公式[3]」をお読みください。

3.4.2.1 元気話. 内角の和が $180°$ にならない三角形 その1　　　　　(本文 P92 参照)

三角形の内角の和が $180°$ にならない図形を知っていますか？ ある条件下では三角形の内角が常に $180°$ よりも大きくなります。さぁその条件とは？

それは三角形を表す図が球面だった場合です。球面上の2点はその2点を通る大円 (球の中心を中心とする円) で表します。それはその線が最短距離になるからです。

> 問. ある場所から南へ $1\,\mathrm{km}$ 歩き，そこから東へ $1\,\mathrm{km}$，北へ $1\,\mathrm{km}$ 歩いたら元の場所に戻りました。この場所はどこですか？

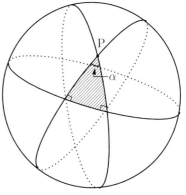

普通では考えられない事が起こるのが球面なのです。ある場所とはどこかおわかりですか？ 答えは「北極点」です。右の図を見てください。印を付けた部分が今歩いた三角形です。内角の和が $180°$ より大きくなることはおわかりですか？ $90°$ の回転を2回行ったわけです。そして点Pにおける角度 (α) があるわけですから，$180°$ より大きくなります。

私は昔天体物理学を独学で勉強していました。その時に，球面三角法と出会い平面図形とは異なる性質に感動しました。平面図形では起こりえないことが球面では起こる。2直線が2点交わるという性質や平行線が存在しない面というのも平面図形では考えられない事ですね。

えっ？ 高校の数学となんの関係があるかって？ 関係ありません。でもね，目の前の無限の可能性をもった生徒に対して，広がる数学の世界を何かの機会に語って欲しいのです。小学校，中学校，高校だけの世界で数学を語って欲しくないのです。教育の手段として数学を選んだのなら，その先々にある数学の姿を今の子供たちにわかる形で語って欲しいのです。日本だけみて世界を語ってはいけないのと同じです。広い視点および観点から今を語る。いつの時代でもそれは大切な事だと思います。

---

[3]http://www.chart.co.jp/subject/sugaku/suken_tsushin/69/69-3.pdf 数研出版

3.4.3 三角関数のグラフ途中図 (資料 P158 参照)

三角関数のグラフ

> 問. 三角関数 $y = \sin\theta$, $y = \cos\theta$, $y = \tan\theta$ のグラフを書いてみよう！

(1) $y = \sin\theta$

θ	0	$\dfrac{\pi}{6}$	$\dfrac{\pi}{4}$	$\dfrac{\pi}{3}$	$\dfrac{\pi}{2}$	$\dfrac{2}{3}\pi$	$\dfrac{3}{4}\pi$	$\dfrac{5}{6}\pi$	π	$\dfrac{7}{6}\pi$	$\dfrac{5}{4}\pi$	$\dfrac{4}{3}\pi$	$\dfrac{3}{2}\pi$	$\dfrac{5}{3}\pi$	$\dfrac{7}{4}\pi$	$\dfrac{11}{6}\pi$	2π
$\sin\theta$	0	$\dfrac{1}{2}$	$\dfrac{1}{\sqrt{2}}$	$\dfrac{\sqrt{3}}{2}$	1	$\dfrac{\sqrt{3}}{2}$	$\dfrac{1}{\sqrt{2}}$	$\dfrac{1}{2}$	0	$-\dfrac{1}{2}$	$-\dfrac{1}{\sqrt{2}}$	$-\dfrac{\sqrt{3}}{2}$	-1	$-\dfrac{\sqrt{3}}{2}$	$-\dfrac{1}{\sqrt{2}}$	$-\dfrac{1}{2}$	0

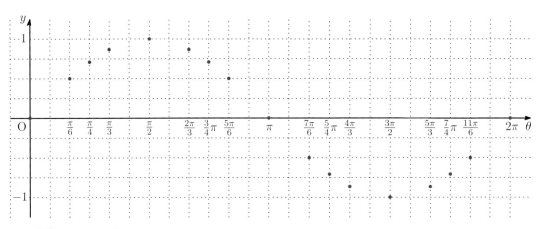

(2) $y = \cos\theta$

θ	0	$\dfrac{\pi}{6}$	$\dfrac{\pi}{4}$	$\dfrac{\pi}{3}$	$\dfrac{\pi}{2}$	$\dfrac{2}{3}\pi$	$\dfrac{3}{4}\pi$	$\dfrac{5}{6}\pi$	π	$\dfrac{7}{6}\pi$	$\dfrac{5}{4}\pi$	$\dfrac{4}{3}\pi$	$\dfrac{3}{2}\pi$	$\dfrac{5}{3}\pi$	$\dfrac{7}{4}\pi$	$\dfrac{11}{6}\pi$	2π
$\cos\theta$	1	$\dfrac{\sqrt{3}}{2}$	$\dfrac{1}{\sqrt{2}}$	$\dfrac{1}{2}$	0	$-\dfrac{1}{2}$	$-\dfrac{1}{\sqrt{2}}$	$-\dfrac{\sqrt{3}}{2}$	-1	$-\dfrac{\sqrt{3}}{2}$	$-\dfrac{1}{\sqrt{2}}$	$-\dfrac{1}{2}$	0	$\dfrac{1}{2}$	$\dfrac{1}{\sqrt{2}}$	$\dfrac{\sqrt{3}}{2}$	1

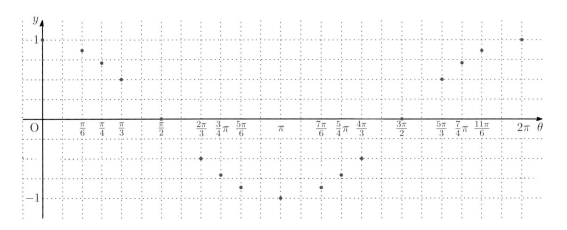

(3) $y = \tan\theta$

θ	0	$\dfrac{\pi}{6}$	$\dfrac{\pi}{4}$	$\dfrac{\pi}{3}$	$\dfrac{\pi}{2}$	$\dfrac{2}{3}\pi$	$\dfrac{3}{4}\pi$	$\dfrac{5}{6}\pi$	π	$\dfrac{7}{6}\pi$	$\dfrac{5}{4}\pi$	$\dfrac{4}{3}\pi$	$\dfrac{3}{2}\pi$	$\dfrac{5}{3}\pi$	$\dfrac{7}{4}\pi$	$\dfrac{11}{6}\pi$	2π
$\tan\theta$	0	$\dfrac{1}{\sqrt{3}}$	1	$\sqrt{3}$		$-\sqrt{3}$	-1	$-\dfrac{1}{\sqrt{3}}$	0	$\dfrac{1}{\sqrt{3}}$	1	$\sqrt{3}$		$-\sqrt{3}$	-1	$-\dfrac{1}{\sqrt{3}}$	0

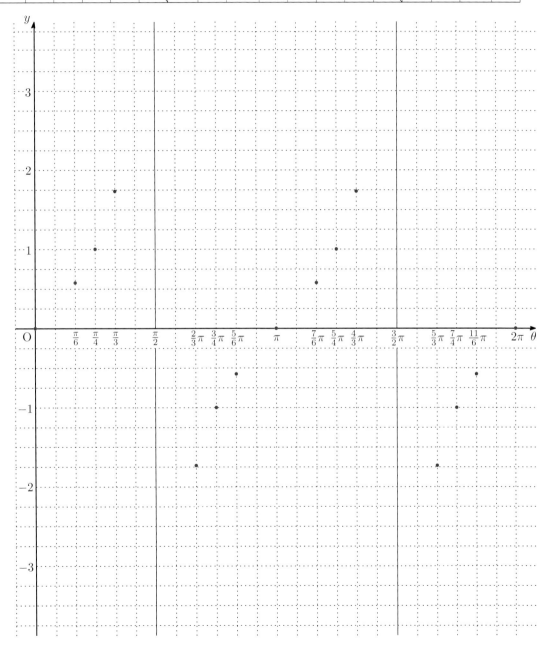

3.4.3.1　三角関数のグラフ完成図

(1) $y = \sin\theta$

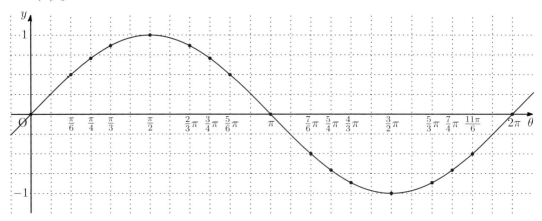

(2) $y = \cos\theta$

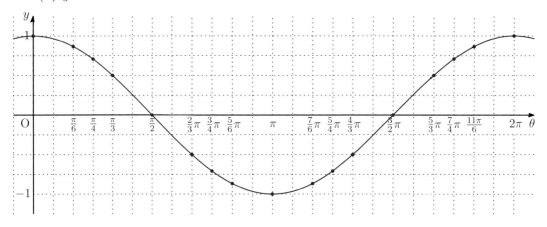

　思うに高等学校の教師に向けた冊子の中に三角関数のグラフが堂々と書いてある，ましてや途中図が書いてあるのは本書が初めてなんじゃないかと感じました。誰もがわかることを書いたのはどうしてかわかりますか？ この三角関数のグラフが生徒にとってどんなに画期的なグラフなのか，先生方もう一度考えてみてください。高等学校で学習するグラフは他にも多々あるが，この三角関数ほど生徒にとって衝撃的なグラフはないだろう。主に周期関数としての特徴である，いったっきりのグラフが多い中また同じ値に戻ってくるなんて……。教師として仕事をしているといつのまにか生徒目線からずれてしまう。グラフを教えるのは簡単である。そうではなくて教わった定義から，自分で値を求めそれをグラフ用紙に書いて線で結ぶ。単純な作業であるが，これは数学を学ぶ生徒にとって大切な作業である。

　グラフに関して一言添えておくと，弧度法の単位表示だと上記グラフの縦軸と横軸の目盛り幅が等しくなる。これが度数法だと x 軸に対応する θ 軸の数値が極端に大きくなることもあわせて伝えたい。

(3) $y = \tan\theta$

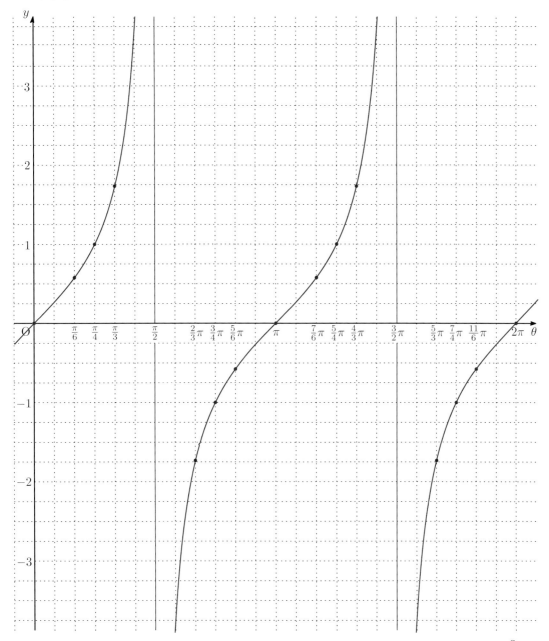

　　$y = \tan\theta$ のグラフには漸近線がある。漸近線は新出の言葉であるが中学での反比例 $y = \dfrac{a}{x}$ の x 軸および y 軸と同じ関係なので，生徒にとっては受け入れやすいであろう。しかし，反比例のときほど $y = \tan\theta$ のグラフは漸近線へなかなか近くにはいってくれない。生徒自身で求めることができないので対応表には載せなかったが $\theta = \dfrac{5}{12}\pi$ のとき $\tan\theta = 2 + \sqrt{3}$ になる。近似値だと $3.73205\cdots$ である。1 つの点を援助するだけで，グラフの特徴から他の類似した 3 点 $\left(\theta = \dfrac{7}{12}\pi, \dfrac{17}{12}\pi, \dfrac{19}{12}\pi\right)$ に気づきかなり正確なグラフに近づくであろう。

3.4.4   三角関数の倍角公式

教科書には記述がない三角関数の倍角公式が直角三角形の角の二等分線を利用して意外と簡単に求めることができることをみつけたので書き留めておきます。三角比の正接の倍角の公式は以下の公式です。

$$\tan 2\theta = \frac{2\tan\theta}{1-\tan^2\theta}$$

この公式を図形の証明を用いて求めていきます。

右の図は △ABC を基準に新たに ∠B = 2θ の直角三角形 DBC を作った図です。BC を延長し BD = BE なる点 E をとり，点 D と結びます。BA の延長線と DE との交点を F，点 F から BE へ垂線を下ろし交点を G とします。

△BED は ∠B を頂角とする二等辺三角形です。二等辺三角形において頂角の二等分線と垂線および中線は一致します。また直角三角形において直角の頂点から斜辺に下ろした垂線は自身と相似な三角形 2 つに分割します。このことより △ABC, △FBG, △EFG はすべて相似です。

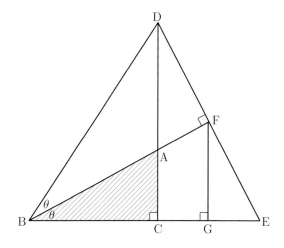

ここで基準の △ABC の底辺 BC を a，高さ AC を b とします。この a, b を使って △DBC の DC が表せれば $\tan 2\theta$ が $\tan\theta$ で表せます。CG = k とし，やってみましょう。

△EDC において FG//DC と EF = FD と平行線と比の性質から

$$EG : GC = EF : FD = 1 : 1$$

△ABC ∽ △FBG より $a : b = (a+k) : FG$

$$FG = \frac{b(a+k)}{a}$$

△ABC ∽ △EFG より $a : b = FG : EG$

$$a : b = \frac{b(a+k)}{a} : k$$

$$k = \frac{ab^2}{a^2-b^2}$$

また DC = 2FG より $DC = 2\dfrac{b(a+k)}{a} = 2\dfrac{b\left(a+\dfrac{ab^2}{a^2-b^2}\right)}{a} = \dfrac{2a^2b}{a^2-b^2}$

これより $\tan 2\theta = \dfrac{DC}{BC} = \dfrac{\frac{2a^2b}{a^2-b^2}}{a} = \dfrac{2ab}{a^2-b^2} = \dfrac{2\frac{b}{a}}{1-\left(\frac{b}{a}\right)^2} = \dfrac{2\tan\theta}{1-\tan^2\theta}$

思ってた以上に簡単でしょ。生徒はテストの証明は嫌いだけど，授業中の証明は意外と考えてくれますよ。場面設定だけしっかり生徒に説明してあげれば取り組むことが可能だと思います。ピタゴラスの定理もそうだったけど，直角三角形の直角から下ろした垂線を用いた証明は頻繁に出現しますね。

3.5 指数関数と対数関数

3.5.1 3乗根と電卓

ICT 教育が叫ばれていますが，あえて逆行する電卓を使った授業を紹介します。百円ショップにあるような普通の8桁電卓が生徒の人数分あればできるんだけど。中学のときの平方根で学習したはさみうち法で3乗根を求めます。はさみうち法の復習は近似値も知っている $\sqrt{2}$ がいいと思います。はさみうち法というのは，例えば $\sqrt{2}$ の値を求めるときには

$$1.4^2 = 1.96, 1.5^2 = 2.25 \text{ より}$$
$$1.4^2 < 2 < 1.5^2$$
$$1.41^2 = 1.9881, 1.42^2 = 2.0164 \text{ より}$$
$$1.41^2 < 2 < 1.42^2$$

このことを繰り返して $\sqrt{2}$ の近似値を求めていく方法です。

最初は $\sqrt[3]{2}$ に挑戦させるといいでしょう。電卓の3乗計算はメーカーによって多少異なりますが， $\boxed{\times}\,\boxed{=}\,\boxed{=}$ か $\boxed{\times}\,\boxed{\times}\,\boxed{=}\,\boxed{=}$ でできます。

$\boxed{\text{問.3回同じ数をかけて2になる } \sqrt[3]{2} \text{ の値を電卓で求めてみよう。}}$

この数を普通の電卓で求めると

$$1.2599210^3 = 1.9999997, 1.2599211^3 = 2.0000001 \text{ より}$$
$$1.2599210^3 < 2 < 1.2599211^3$$

になり $\sqrt[3]{2} \fallingdotseq 1.2599210$ が求まります。

次の発問が本時のメインイベントです。

$\boxed{\text{問.今度は3回同じ数をかけて7になる } \sqrt[3]{7} \text{ の値を電卓で求めてみよう。}}$

仮想授業の様子を表してみました。

T「はさみうち法のやり方は分かったかな。今度は $\sqrt[3]{7}$ の値を求めてみよう～。」

S「先生みつかりました～。」
T「え～っ！」
S「みてみてみて～ぴったり7になりました～。」
T「いくつの数でかけ算したの？」
S「えっ～と，1.9129312です。」
T「みんな～，ぴったり7になる数がみつかったようだから試してみようよ。」

T「なんかおかしくない？」

これは $\sqrt[3]{7}$ の近似値からなる3乗の値が7に近い近似値 7.00000019 になるため，桁数に制限がある電卓では7になったと間違えるからです。生徒はどのような反応をするのか，予想するとワクワクしませんか？ 機械のやることを鵜呑みにしてはいけないといういい経験になるはずです。ただPCやpadの中にある電卓では残念ながらできません。

そうそう電卓の話題として， $\boxed{\div}\,\boxed{=}$ で逆数が表示されることを数年前に知りました。あとcasio の電卓限定ですが $\boxed{1}\,\boxed{3}\,\boxed{7}\,\boxed{9}\,\boxed{AC}$ を同時に押すと液晶に 88588 と表示される電卓があります。遊び心があっていいですね。

3.5.2 常用対数とブリッグス

目 標 常用対数の近似値を求めることにより，常用対数に対する理解を深める。

学 習 活 動	備 考
問. 教科書の裏表紙を見てみよう。そこに常用対数表がある。これはブリッグスという人がまとめたんだ。今日はみんなに自力で常用対数の値を求めることに挑戦してみよう！	・ブリッグスについては資料参照 ・常用対数表の使い方 ・黒板に値を書き込むための $\log_{10} 1 \sim \log_{10} 10$ の表を作る

$\log_{10} 2$ の値は $2^{10} = 1024 \fallingdotseq 10^3$ を使います。

$$\log_{10} 2^{10} \fallingdotseq \log_{10} 1000$$
$$= \log_{10} 10^3$$
$$10 \log_{10} 2 = 3$$
$$\log_{10} 2 = 0.3$$

問. さあ，この値を使って残りの基本常用対数 $\log_{10} 3 \sim \log_{10} 10$ の値を求めよう！

$$\log_{10} 4 = \log_{10} 2^2 \qquad \log_{10} 5 = \log_{10} \frac{10}{2} \qquad \log_{10} 8 = \log_{10} 2^3$$
$$= 2 \log_{10} 2 \qquad\quad = \log_{10} 10 - \log_{10} 2 \qquad = 3 \log_{10} 2$$
$$\fallingdotseq 2 \times 0.3 \qquad\quad \fallingdotseq 1 - 0.3 \qquad\qquad \fallingdotseq 3 \times 0.3$$
$$= 0.6 \qquad\qquad\quad = 0.7 \qquad\qquad\qquad = 0.9$$

問. 残った $\log_{10} 3$, $\log_{10} 6$, $\log_{10} 7$, $\log_{10} 9$ はどの値がわかれば求めることができるのだろう。

・$\log_{10} 9 = \log_{10} 3^2 = 2 \log_{10} 3$ だから $\log_{10} 3$ の値がわかればいい。
・$\log_{10} 3$ の値がわかれば $\log_{10} 6$ だってわかるはず。
・$\log_{10} 7$ も必要じゃないかな。

（備考欄）
・ある程度考えさせてからヒントを与える
・$7^4 = 2401 \fallingdotseq 2400$ から求められる値と比較するのもいい

$\log_{10} 3$ の値は $3^4 = 81 \fallingdotseq 80$ を使います。
$\log_{10} 7$ の値は $7^2 = 49 \fallingdotseq 50$ を使います。

$$\log_{10} 3^4 \fallingdotseq \log_{10} 80 \qquad\qquad \log_{10} 7^2 \fallingdotseq \log_{10} 50$$
$$4 \log_{10} 3 = \log_{10} 8 \times 10 \qquad 2 \log_{10} 7 = \log_{10} \frac{100}{2}$$
$$= \log_{10} 8 + \log_{10} 10 \qquad\quad = \log_{10} 100 - \log_{10} 2$$
$$\fallingdotseq 3 \times 0.3 + 1 \qquad\qquad\quad \fallingdotseq 2 - 0.3$$
$$= 1.9 \qquad\qquad\qquad\qquad = 1.7$$
$$\log_{10} 3 = 0.475 \qquad\qquad\qquad \log_{10} 7 = 0.85$$

問. 求めた値を常用対数表と比較して誤差を確認してみよう！

・ブリッグスの求め方から計算の困難さとその努力を解説 (資料参照)

n	常用対数表	近似値	n	常用対数表	近似値
1	0	0	6	0.7782	0.775
2	0.3010	0.3	7	0.8451	0.85
3	0.4771	0.475	8	0.9031	0.9
4	0.6021	0.6	9	0.9542	0.95
5	0.6990	0.7	10	1	1

3.5.2.1 常用対数表

実は 2019 年 4 月から高校 2 年生を教えている。前年が中学 3 年だったので 1 年飛び級をした わけだが，これがかなり大変なんだ。数学教材の内容が大変ではなく数学の教材構成，ようす るに数学 I と数学 A で何を生徒が学習しているのかがわからないと，何をベースに問題を考え ていけばいいかがわからないからだ。1 学期はこのことでかなり悩んだ。そして今数学 II で対 数関数の指導に入った。普段のように教材研究をしていると常用対数表が教科書巻末にあるこ とに気がついた。昔は計算尺なんか使って解いたなぁ～，郷愁の気持ちで常用対数表を眺めて いたらこの値はどうやって出てきたの？　どうして求めたのだろう？　確か三角比のスタートは 実測値から始まったことは知っていた。この常用対数の値は？

3.5.2.2 ヘンリー・ブリッグス

調べていくと常用対数はヘンリー・ブリッグス[4]という人がネイピア[5]の承諾を得て底が 10 の 常用対数を発表したとあった。ではどんな計算をしたのだろう？　正解は雑誌 Newton[6]にあっ た。以下は雑誌からの抜粋である。

> ブリッグスが常用対数表をつくるために行った計算方法について，$\log_{10} 2$ の値を 求める場合を例として，現代風に少しアレンジしたものを紹介します。まず「10 の 平方根」，「さらにその平方根 (10 の平方根の平方根，つまり 10 の 2^2 乗根 = 10 の 4 乗根)」，「またさらにその平方根 (10 の平方根の平方根の平方根，つまり 10 の 2^3 乗 根 = 10 の 8 乗根)」といった具合に，平方根をくり返し求める計算を膨大な量の手 計算でくり返します。当時，平方根を求める計算方法 (開平法) はすでに知られてい ました。ブリッグスは，10 の 2^{54} 乗根を，小数点以下 32 桁まで求めています。

この後 Newton では長々と説明が続くが，私が理解した求め方を記述する。

求める数 $\log_{10} 2$ を x とします。ようするに $10^x = 2$ ということです。ここで指数法則より

$$(10^x)^{\frac{1}{2^c}} = 2^{\frac{1}{2^c}}$$
$$(10^{\frac{1}{2^c}})^x = 2^{\frac{1}{2^c}}$$

この c が開平計算の回数です。あとは $(1+a)^x \fallingdotseq 1 + ax$ を使います。この式は a の値が十分 に小さいとき近似できることが知られています。ようするに平方根を何回も計算するのはこの 式から出る誤差を少なくするために行っているのです。今 10 の開平計算の小数部分を a，2 の 開平計算の小数部分を b とすると

$$1 + ax \fallingdotseq 1 + b$$
$$x = \frac{b}{a}$$

となり小数部分のみの計算で求めることができます。

3.5.2.3 ブリッグスの計算

ブリッグスと同じ計算をやってみました。計算を小数点以下を 32 桁にとどめて，$\log_{10} 2$ の計 算です。ただし筆算ではなく UBASIC を使ってですが…。

---

[4]Henry Briggs 1561-1630
[5]John Napier 1550-1617
[6]2015 年 4 月別冊号

c	$1 + b = 2^{\frac{1}{2^c}}$	$1 + a = 10^{\frac{1}{2^c}}$
1	1.414213562373095048801688724209699	3.162277660168379331998893544432719
2	1.189207115002721066717499970560476	1.778279410038922801225421195192680
3	1.090507732665257659207010655760706	1.333521432163324025675931715295326
…	…	…
10	1.000677130693066356678172784874630	1.002251148292912915465673638866560
20	1.000000661036882074208829260502400	1.000002195918675554203317137505480
30	1.000000000645543616994911505298130	1.000000002144449479377767429764030
40	1.000000000000630413688268312211350	1.000000000002094188942461602626400
50	1.000000000000000615638367449329770	1.000000000000002045106389120519480
51	1.000000000000000307819183724664830	1.000000000000001022553194560259210
52	1.000000000000000153909591862332400	1.000000000000000511276597280129470
53	1.000000000000000076954795931166190	1.000000000000000255638298640064700
54	1.000000000000000038477397965583090	1.000000000000000127819149320032340
55	1.000000000000000019238698982791540	1.000000000000000063909574660016160

c	$b \div a$	$\log_{10} 2$ との誤差
1	0.191563539689366123291238057471050	0.109466455974615071922500837253440
2	0.243109495847074464085632088925680	0.057920499816906731128106805798810
3	0.271370064820711155295572049238980	0.029659930843270039918166845485510
…	…	…
10	**0.30**0793464028160821352025571993740	0.000236531635820373861713322730750
20	**0.3010297**646416150337646473313813	0.0000002310223661614490915633431400
30	**0.3010299995**4383733829336335751324800	0.0000000002256078122801053195920100
40	**0.3010299995663**76087508007869401247000	0.00000000000002203201329519545997900
50	**0.30102999566398**097613012346475334000	0.0000000000000002190836154299711500
51	**0.301029995663981**0783701803613640400	0.0000000000000001168435585333604500
52	**0.301029995663981**12851729850153458000	0.0000000000000000666964403931899100
53	**0.301029995663981**13061421015461965000	0.00000000000000006459952874010484000
54	**0.301029995663981**11504767167636460000	0.0000000000000000801660672183598900
55	**0.301029995663981**08391464070257135000	0.0000000000000001112990981921531400

　自分でやってみてわかったことが 1 つあります。どうしてブリッグスが 54 回の開平計算を行ったのか。それは 53 回目まで大きくなってきた値が，54 回目で小さくなってしまうためです。(上の表で確認できます。) ようするにブリッグスは誤差が最小になる回数まで計算をして，誤差が大きくなる (増加してきた値が減少する) ことを確認して計算を終了したのだということがわかりました。計算は 54 回やったけれど近似値として採用した値は 53 回目の値であろうことは予想できます。

　$\log_{10} 2$ の値がわかると

　$\log_{10} 4 = \log_{10} 2^2 = 2 \log_{10} 2$

　$\log_{10} 5 = \log_{10} (10 \div 2) = \log_{10} 10 - \log_{10} 2 = 1 - \log_{10} 2$

　$\log_{10} 8 = \log_{10} 2^3 = 3 \log_{10} 2$

　これらの値がわかり，あとは $\log_{10} 3$ と $\log_{10} 7$ の値をもとめて組み合わせればある程度の数の常用対数の値を求めることができることは理解できると思います。

3.5.2.4 常用対数の必要性

コンピュータの時代になり常用対数は過去の遺物になりつつあるのだが，全く必要ないかというとそうでもない。例えば 1000 桁まで計算できるコンピュータがあるとしよう。

$$n = p_1^{\alpha_1} \cdot p_2^{\alpha_2} \cdots p_k^{\alpha_k} \ (p \text{ は素数})$$

このコンピュータを使って上のように素因数分解できた n の実際の数を求めようとすると，素因数 p_k は 1000 桁未満の数であるのに対して，n の桁数は 1000 桁を上回ってしまうことがあることは明らかである。このような自分の計算能力を超える n に対して常用対数を用いれば n の桁数および上位桁の値を求めることができる。

もっと具体的に書くと (m, k)-完全数[7]という数がある。連続して約数の和を求めていって何回 (m) で自身の整数倍 (k) になるのかを表した数である。例えば 4 の約数の和は 7 で，7 の約数の和は 8，結果 2 回で 4 の 2 倍になったので 4 は $(2, 2)$-完全数である。一般の完全数は $(1, 2)$-完全数である。ここで 659 は 1287 回連続して約数を求めるとようやく自身の整数倍になるのだがその 1287 回目の数は素因数の数が 173 個で桁数を求めるときには常用対数を用いて 1187 桁と算出できた。このときの数は σ を約数関数として以下のようになった。

$$\sigma^{1287}(659) = 2^{276} \times 3^{100} \times 5^{44} \times 7^{28} \times 11^{21} \times 13^{14} \times 17^{14} \times 19^8 \times 23^{11} \times 29^5 \times 31^8 \times 37^{10} \times 41^5 \times$$
$$43^3 \times 47^4 \times 53 \times 59 \times 61^7 \times 67^5 \times 71 \times 73^2 \times 89^2 \times 101 \times 107 \times 109^3 \times 113^2 \times 127^5 \times 131 \times 137 \times$$
$$139 \times 157^3 \times 163 \times 167^2 \times 173 \times 191^2 \times 197 \times 199 \times 223^2 \times 229 \times 263^2 \times 271^2 \times 307 \times 317 \times 331^3 \times$$
$$347 \times 349 \times 367 \times 409 \times 449 \times 457 \times 463^2 \times 467 \times 521 \times 593 \times 599 \times 631 \times \mathbf{659} \times 673 \times 701 \times 757 \times$$
$$907 \times 1009 \times 1021 \times 1061 \times 1093 \times \cdots \times 260242449712509916159 \times 260299509122666307530779$$

このような巨大数に関してはまだまだ常用対数は健在なのである。

3.5.2.5 ブリッグスから学ぶ事

開平計算を 1 つの数で小数点以下 32 桁で 54 回も行うことがいかに大変なことか…，言葉でいうほど簡単なことではないことだと感じます。たかが計算，されど計算。しかしこの計算を黙々とやったことに感謝せずにはいられない。小数点以下 32 桁としたことも開平法の 2 桁ごとの計算と，求めたい数の有効数字を考えての事だったことも気がつきました。改めて先人の残した遺産の重みを感じました。

3.5.2.6 雑感

この「対数」を指導していて子供たちからの反応があまりにも薄く感じました。私の指導力のなさもあると思いますが，教科書の作り方にも問題があると感じました。常用対数の後に，電卓と常用対数表を使った演習問題の頁があればなぁ〜と感じました。例えば 3^{20} は何桁の数ですか？ という問いの後にせっかく補足として $3^{20} = 3486784401$ と書いてあるのだから，常用対数表から求めることができる数と比較しなさい。という一言があるだけで理解が進むと思います。教科書会社のみなさんよろしくお願いします。

$$\log 3^{20} = 20 \log 3 \fallingdotseq 20 \times 0.4771 = 9.5424 \ \text{常用対数表より} \ 3.49 \times 10^9 = 3490000000$$

---

[7]本文 P41 参照

3.6 微分法と積分法

3.6.1 アルキメデスなんかに負けないぞ！

アルキメデス[8]を調べていたらおもしろい性質を発見しました。まずは問題です。

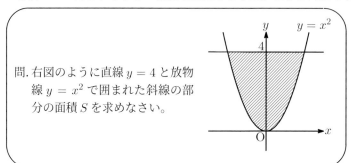

問. 右図のように直線 $y = 4$ と放物線 $y = x^2$ で囲まれた斜線の部分の面積 S を求めなさい。

アルキメデスが発見した性質は直線と放物線で囲まれる面積は，その直線と平行な直線が放物線の接線となる接点で作られる三角形の $\dfrac{4}{3}$ 倍に等しい。という性質です。ようするに $S = \triangle\text{ATB} \times \dfrac{4}{3}$ ということです。この性質を使うと上記の問題は原点 O が接点 T となるので

$$S = 4 \times 4 \times \frac{1}{2} \times \frac{4}{3} = \frac{32}{3}$$

となるのです。アルキメデスってすごいと感じました。

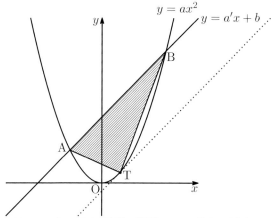

T は $y = a'x + b$ と平行で関数 $y = ax^2$ 上の接点

3.6.1.1 放物線と直線

紀元前の天才数学者アルキメデスは直線が放物線と交わってできる囲まれた面積は，その直線が放物線と交わる 2 点とその直線と平行で放物線と接する接点でできる三角形の $\dfrac{4}{3}$ 倍であることを証明しました。ここではアルキメデスと同じ方法ではなく初等数学でこのことを証明していきます。ここでいう初等数学とは積分は使用しないで求めるということです。

そうは言っても積分が最も簡単に面積を求める方法であることにはたぶん異論はないと思うのでとりあえず面積を求めてみましょう。

直線と放物線 $y = x^2$ の交点を α, β $(\alpha < \beta)$ とすると

$$S = \int_{\alpha}^{\beta} (\beta - x)(\alpha - x)dx = \frac{(\beta - \alpha)^3}{6}$$

たったの 1 行で表すことができる。すばらしいし，美しい。さあ，それでは初等数学でこの面積を求めてみましょう。

---

[8]Archimedes BC 287年頃-BC 212年

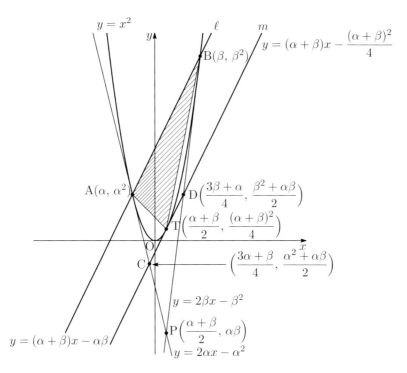

　証明に入る前にこの放物線と交わる直線にはたくさんの性質があることに気づいたので書き留めておきます。

(1) 放物線と交わる直線 ℓ と平行で放物線と接する接点 T の x 座標は放物線に交わる直線の交点 A, B の x 座標の中点になる。$\left(\mathrm{T}\left(\dfrac{\alpha+\beta}{2}, \dfrac{(\alpha+\beta)^2}{4}\right)\right)$

　　　接点 T においては直線 $y = (\alpha+\beta)x - \dfrac{(\alpha+\beta)^2}{4}$ と放物線 $y = x^2$ からできる 2 次方程式は重解になるので判別式 $D = 0$ から $x = \dfrac{\alpha+\beta}{2}$ になる。

(2) 交点 A, B を接点とする接線の交点 P の x 座標は接点 T の x 座標に等しい。$\left(\mathrm{P}\left(\dfrac{\alpha+\beta}{2}, \alpha\beta\right)\right)$

　　　直線 AP は $y = 2\alpha x - \alpha^2$, BP は $y = 2\beta x - \beta^2$ から交点を求めると $x = \dfrac{\alpha+\beta}{2}$ になります。

(3) $\triangle \mathrm{ATB} = \dfrac{1}{2}\triangle \mathrm{APB}$

　(i) 点 C, D はそれぞれ線分 AP, BP の中点である。

　(ii) 点 AB = 2CD

　(iii) 点 P と直線 ℓ の距離は接点 T と直線 ℓ の距離の 2 倍である。

　3 に関しては 1 つ証明できれば他の項目も証明できたことになります。またすべての放物線は相似なので放物線は $y = x^2$ として考察していきます。

まずは $S_1 = \triangle\mathrm{ATB} = \dfrac{1}{2}\triangle\mathrm{APB}$ が成り立つことを感じてください。(底辺が共通で高さが 2 倍の関係です。私は座標で確認しました。)

ここで S_1 を除いた領域から S_2 の面積を求めてみます。2 つにわかれていますが，どちらも接線と放物線は S_1 と同じ位置関係にあります。

$$S_2 = \frac{1}{2}(\triangle\mathrm{ACT} + \triangle\mathrm{TDB})$$

ここで $\ell // m$ より $\triangle\mathrm{TDB} = \triangle\mathrm{TDA}$

$$S_2 = \frac{1}{2}(\triangle\mathrm{ACT} + \triangle\mathrm{ATD})$$
$$= \frac{1}{2}\triangle\mathrm{ACD}$$

ここで $\mathrm{CD} = \dfrac{1}{2}\mathrm{AB}$ より

$$= \frac{1}{2}\left(\frac{1}{2}S_1\right)$$
$$= \frac{1}{2}\left(\frac{1}{2}\cdot\frac{1}{2}\triangle\mathrm{APB}\right)$$
$$= \frac{1}{8}\triangle\mathrm{APB}$$

よって求める面積は

$$S = S_1 + S_2 + S_3 + \cdots = \frac{1}{2}\triangle\mathrm{APB} + \frac{1}{8}\triangle\mathrm{APB} + \frac{1}{32}\triangle\mathrm{APB} + \cdots$$
$$S = \frac{1}{2}\triangle\mathrm{APB}\left(1 + \frac{1}{4} + \frac{1}{4^2} + \cdots\right)$$
$$= \frac{1}{2}\triangle\mathrm{APB}\lim_{n\to\infty}\frac{1-\left(\frac{1}{4}\right)^n}{1-\frac{1}{4}}$$
$$= \frac{2}{3}\triangle\mathrm{APB}$$
$$= \frac{4}{3}\triangle\mathrm{ATB}$$

アルキメデスの時代は「無限」という考え方はなかったので，無限等比数列の和は使用しませんでした。でもやや難しいけれど高校 2 年程度の数学の力があれば $\dfrac{4}{3}$ 倍は求めることが可能であるということです。

さあ，ようやく以下の 3 点から面積の計算です。

$$\mathrm{A}(\alpha,\,\alpha^2),\,\mathrm{B}(\beta,\,\beta^2),\,\mathrm{T}\left(\frac{\alpha+\beta}{2},\,\frac{(\alpha+\beta)^2}{4}\right)$$

面積は座標 T の分だけ平行移動して面積公式 $S = \dfrac{1}{2}|x_1 y_2 - x_2 y_1|$ を利用します。

$$\mathrm{A}'\left(\alpha - \frac{\alpha+\beta}{2},\,\alpha^2 - \frac{(\alpha+\beta)^2}{4}\right),\mathrm{B}'\left(\beta - \frac{\alpha+\beta}{2},\,\beta^2 - \frac{(\alpha+\beta)^2}{4}\right)$$
$$\mathrm{A}'\left(\frac{\alpha-\beta}{2},\,\frac{(\alpha-\beta)(3\alpha+\beta)}{4}\right),\mathrm{B}'\left(\frac{\beta-\alpha}{2},\,\frac{(\beta-\alpha)(3\beta+\alpha)}{4}\right)$$

$$\triangle \text{ATB} = \frac{1}{2}\left|\frac{\beta-\alpha}{2}\times\frac{(\alpha-\beta)(3\alpha+\beta)}{4}-\frac{\alpha-\beta}{2}\times\frac{(\beta-\alpha)(3\beta+\alpha)}{4}\right|$$

$$= \frac{(\beta-\alpha)^2}{16}\left|-(3\alpha+\beta)+(3\beta+\alpha)\right|$$

$$= \frac{(\beta-\alpha)^2}{16}\left|2\beta-2\alpha\right|$$

$\beta > \alpha$ より

$$= \frac{(\beta-\alpha)^3}{8}$$

$$S = \frac{(\beta-\alpha)^3}{8}\times\frac{4}{3}$$

$$= \frac{(\beta-\alpha)^3}{6}$$

余談で $\triangle \text{ATB}$ の面積を表す式も美しい。

これをすべて図形で証明したなんてアルキメデスは偉大です。でも負けないぞ！

3.6.1.2 元気話. 対数って何者？

数 III を指導していたらある生徒から「先生，対数って何だっけ？」という質問を受けた。ということで少しまとめておきたいと思った。

一言でいえば「対数とは乗法・除法を加法・減法に変換する技」です。ある数 M, N があって M, N の積を求めたいとき，$M = 10^x, N = 10^y$ と表すことのできる x, y がわかれば $M \times N = 10^x \times 10^y = 10^{x+y}$ で求めることができるということです。除法においても同様です。常用対数を使った具体例で示しておこう。

> 問. 1024×59049 を計算しなさい。

※筆算

1024×59049

$$\begin{array}{r} 59049 \\ \times)\quad 1024 \\ \hline 236196 \\ 118098 \\ 590490 \\ \hline =\quad 60466176 \end{array}$$

※常用対数表

$$\log_{10} A = \log_{10}(1024 \times 59049)$$
$$= \log_{10}(2^{10} \times 3^{10})$$
$$= 10\log_{10} 2 + 10\log_{10} 3$$
$$= 10(\log_{10} 2 + \log_{10} 3)$$
$$\fallingdotseq 10 \times (0.3010 + 0.4771)$$
$$= 7.781$$
$$= 0.781 + 7$$

常用対数表から 0.781 を探して
$$A \fallingdotseq 6.04 \times 10^7$$

※関数電卓 (内部演算12桁, 表示10桁)

$$\log_{10} A = \log_{10}(1024 \times 59049)$$
$$= \log_{10}(1024) + \log_{10}(59049)$$
$$\fallingdotseq 7.781512504$$
$$10^{7.781512504} = 60466176.02$$

ここでは結果が 6^{10} になる特別な数を選んだが，詳細は数 II 関連の参考書の練習問題を参照して欲しい。

最後でも最初でもいいが $2 \times 3 = 6$ をわざわざ対数で計算するのもありかなって感じました。$\log 2$ と $\log 3$ の値を常用対数表から探して，$0.3010 + 0.4771 = 0.7781$ となり，この値を常用対数表から探すと，一番近い値が 0.7782 の 6.0 になります。掛け算が難しくなればなるほど，対数の足し算でできる計算のありがたさが伝わると思うのは自分だけかな？ 上位桁から求めることができるのも長所の一つですね。除法以外の筆算の計算は最下位桁から計算結果が求まるので，最後まで計算しないと一番大切な最上位桁がわからない欠点がある。

第4章　数学 B

4.1　数列

4.1.1　フィボナッチ数列と黄金数

　フィボナッチ数列は数ある数列の中でも有名な数列です。数学教員で知らない人はいないとは思いますが，まずは復習しましょう。

$$1, 1, 2, 3, 5, 8, 13, 21, 34, 55, 89, 144, \cdots$$

　このような数列です。作り方は単純明快です。1,1 から初めて 2 つの数を加えていくだけです。命名は 13 世紀のイタリアの数学者[1]の名前です。自然界にも多く存在します。一例として花びらの数があります。[2]

枚数	植物名
3枚	ユリ，アヤメ，エンレイソウ
5枚	オダマキ，サクラソウ，キンボウゲ，野バラ，ヒエンソウ
8枚	デルフィニウム，サンギナリア，コスモス
13枚	シネラリア，コーンマリゴールド
21枚	チコリ，オオハンゴンソウ
34枚	オオバコ，ジョチュウギク
55枚	ユウゼンギク
89枚	ミケルマス・デイジー

等です。木の幹の増え方なんかも統計を取るとこの増え方になっています。(下図参照)

　1 本の枝が 2 本に，そして 2 本の枝は 4 本ではなく 3 本に枝分かれします。というのは，現実の世界では同じように成長しているようにみえる 2 本の枝でも，必ず優劣はあるのです。従って，優の方が先に枝分かれするのです。そして 5 本に，8 本にという成長の仕方をしていくのです。

　この数列の n 番目の一般項 F_n はどんな形なんでしょう？ 実は 18 世紀にオイラーによって発見されています。

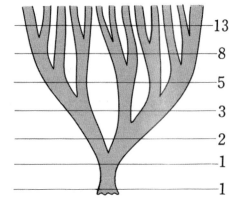

$$F_n = \frac{1}{\sqrt{5}}\left\{\left(\frac{1+\sqrt{5}}{2}\right)^n - \left(\frac{1-\sqrt{5}}{2}\right)^n\right\}$$

---

[1] Leonardo Fibonacci 1170年頃-1250年頃
[2] 「聖なる幾何学」スティーヴン・スキナー著

ビネの公式というようです。なぜか発見者ではなく発表者ビネ[3]の名前がついています。

4.1.1.1 黄金比とフィボナッチ数との関係

黄金比 (Golden ratio) とは $a > b$ のとき $a : b = a + b : a$ を成り立たせる比の値です。黄金比の歴史は古く紀元前にまでさかのぼります。下の長方形の中に示してある数はフィボナッチ数で $1, 1$ の長方形に 2 の長方形を付け加え，次に 3 の長方形をという順に長方形を成長させていった図です。この長方形を成長させていくと，その縦横の比は黄金比になります。余談ですが長方形の中に書いた螺旋は黄金螺旋といいます。

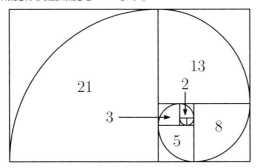

この黄金比は $x^2 - x - 1 = 0$ の正の解で通常 φ（ファイ）を使って表します。この値を黄金数ともいいます。一般的には $8 : 5$ の整数比で表すことが多いです。

$$\varphi = \frac{1+\sqrt{5}}{2} \fallingdotseq 1.6180339887\cdots$$

この黄金数 φ の特徴の一つに φ^2 が $\varphi + 1$ で表せる性質があります。

$$\varphi^2 = \varphi + 1$$

ではこの φ の指数を増やしていくとどのように変化していくのでしょう。やってみました。

$$\varphi^3 = \varphi^2 \cdot \varphi + 1 = (\varphi + 1)\varphi + 1 = \varphi^2 + \varphi + 1 = 2\varphi + 1$$

このように φ^n は φ の 1 次式で表せます。

n	$\varphi^n = a\varphi + b$	a の値	b の値
1	$\varphi^1 = \varphi$	1	0
2	$\varphi^2 = \varphi + 1$	1	1
3	$\varphi^3 = 2\varphi + 1$	2	1
4	$\varphi^4 = 3\varphi + 2$	3	2
5	$\varphi^5 = 5\varphi + 3$	5	3
6	$\varphi^6 = 8\varphi + 5$	8	5
7	$\varphi^7 = 13\varphi + 8$	13	8
8	$\varphi^8 = 21\varphi + 13$	21	13
…	………	…	…
n	$\varphi^n = F_n\varphi + F_{n-1}$	F_n	F_{n-1}

気がつきましたか？ φ の係数にフィボナッチ数が登場することを…。全く異なる観点から発展してきた黄金数とフィボナッチ数とに密接な関連があったのです。

---

[3]Jacques Philippe Marie Binet 1786-1856

4.1.1.2　フィボナッチ数の一般項

　数列の教材は現在高校の数学 B にあります。復習して 1 日挑戦したのですが，今の自分の力では求めることはできませんでした。仕方なくネットを探してヒントをもらいました。

$$x^2 = x + 1 \text{ の解を } \alpha = \frac{1+\sqrt{5}}{2}, \beta = \frac{1-\sqrt{5}}{2} \text{ とする。}$$

$$F_n = F_{n-1} + F_{n-2}$$

解と係数の関係より $\alpha + \beta = 1, \alpha\beta = -1$ を使って

$$F_n - \alpha F_{n-1} = \beta(F_{n-1} - \alpha F_{n-2})$$

と変形でき数列 $F_n - \alpha F_{n-1}$ は等比 β の等比数列ということがわかります。

$$F_n - \alpha F_{n-1} = \beta^{n-2}(F_2 - \alpha F_1) = \beta^{n-2}(1-\alpha) = \beta^{n-1} \cdots ①$$

同様に

$$F_n - \beta F_{n-1} = \alpha^{n-2}(F_2 - \beta F_1) = \alpha^{n-2}(1-\beta) = \alpha^{n-1} \cdots ②$$

①，②より

$$\begin{cases} F_n - \beta F_{n-1} = \alpha^{n-1} \\ F_n - \alpha F_{n-1} = \beta^{n-1} \end{cases}$$

この 2 式を連立させて F_{n-1} を消去すると

$$(\alpha - \beta)F_n = \alpha^n - \beta^n$$

$$F_n = \frac{\alpha^n - \beta^n}{\alpha - \beta}$$

$\alpha - \beta = \sqrt{5}$ より

$$F_n = \frac{\alpha^n - \beta^n}{\sqrt{5}}$$

$$F_n = \frac{1}{\sqrt{5}}\left\{\left(\frac{1+\sqrt{5}}{2}\right)^n - \left(\frac{1-\sqrt{5}}{2}\right)^n\right\}$$

$$F_n = \frac{1}{\sqrt{5}}\{\varphi^n - (1-\varphi)^n\}$$

　ようやくオイラーが求めた数式までたどり着くことができました。自力で式変形できなかった自分の数学の力のなさを埋めようと日々努力する毎日です。

4.1.1.3　余談で…

　黄金数を作る数式 $x^2 - x - 1 = 0$ の形の 2 次方程式が気になったのでまとめてみました。

順	2 次方程式	解	特徴
①	$x^2 + x + 1 = 0$	$\omega, -1-\omega$	1 の立方根
②	$x^2 - x - 1 = 0$	$\varphi, 1-\varphi$	正の解は黄金数 φ
③	$x^2 - x + 1 = 0$	$\omega+1, -\omega$	-1 の立方根
④	$x^2 + x - 1 = 0$	$\varphi-1, -\varphi$	

黄金数の φ と 1 の立方根 ω を作る 2 次方程式の数式は似ていますね。改めて感じました。

4.1.2　数学好きは意地悪い？

4.1.2.1　NHK「オックスフォード白熱教室」より

ある問題に出会いました。以下のような問題です。

> 問.以下のような数が並んでいます。□に入る数はいくつでしょう？
>
> $1\,,\,2\,,\,4\,,\,8\,,\,16\,,$ □

S「簡単～！　32 です。」
T「まぁそれも正解だけどもう 1 個あてはまる数があるんだ。」
S「ええっ～！」

円周上に点をとって結んでいき，円が何個に分かれていくかを数えていきます。点 1 個のときはまだ分割できません。よって 1 個です。

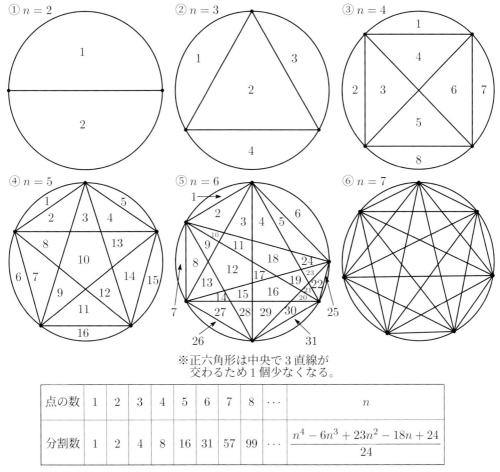

※正六角形は中央で 3 直線が
　交わるため 1 個少なくなる。

点の数	1	2	3	4	5	6	7	8	⋯	n
分割数	1	2	4	8	16	31	57	99	⋯	$\dfrac{n^4 - 6n^3 + 23n^2 - 18n + 24}{24}$

(参照 NHK　「オックスフォード白熱教室」　講師 マーカス・デュ・ソートイ)

授業をやってみると新鮮な感動をもらいます。「先生，次の 8 個はいくつになるの？」という一言で，「じゃ，やってみようか」ということになりました。周りの生徒はその生徒を恨んでいたようですが…。この数列はパスカルの三角形の左側 5 項の和です。

　求め方は書かなくても大丈夫だとは思いますが，自分が忘れやすく，疑り深い正確なのでまとめておきます。

※パスカルの三角形からの求め方

$$a_n = {}_{n-1}C_0 + {}_{n-1}C_1 + {}_{n-1}C_2 + {}_{n-1}C_3 + {}_{n-1}C_4$$

$$= 1 + (n-1) + \frac{(n-1)(n-2)}{2 \cdot 1} + \frac{(n-1)(n-2)(n-3)}{3 \cdot 2 \cdot 1} + \frac{(n-1)(n-2)(n-3)(n-4)}{4 \cdot 3 \cdot 2 \cdot 1}$$

$$= \frac{n^4 - 6n^3 + 23n^2 - 18n + 24}{24}$$

※階差数列を用いた解き方

点の数 (n)	1	2	3	4	5	6	7	8	$\cdots$	n
分割数 (a_n)	1	2	4	8	16	31	57	99	$\cdots$	$\dfrac{n^4 - 6n^3 + 23n^2 - 18n + 24}{24}$
第 1 階差 (b_n)		1	2	4	8	15	26	42	$\cdots$	$\dfrac{n^3 - 3n^2 + 8n}{6}$
第 2 階差 (c_n)			1	2	4	7	11	16	$\cdots$	$\dfrac{n^2 - n + 2}{2}$
第 3 階差				1	2	3	4	5	$\cdots$	n

$n \geqq 2$ のとき $c_n = 1 + \displaystyle\sum_{k=1}^{n-1} k$

$$= 1 + \frac{n(n-1)}{2}$$

$$= \frac{n^2 - n + 2}{2}$$

$n = 1$ のとき成り立つので $c_n = \dfrac{n^2 - n + 2}{2}$

$n \geqq 2$ のとき $b_n = 1 + \displaystyle\sum_{k=1}^{n-1} c_k$

$$= 1 + \sum_{k=1}^{n-1} \left(\frac{k^2 - k + 2}{2} \right)$$

$$= 1 + \frac{1}{2} \cdot \frac{(n-1)n(2n-1)}{6} - \frac{1}{2} \cdot \frac{(n-1)n}{2} + (n-1)$$

$$= \frac{n^3 - 3n^2 + 8n}{6}$$

$n = 1$ のとき成り立つので $b_n = \dfrac{n^3 - 3n^2 + 8n}{6}$

$n \geqq 2$ のとき $a_n = 1 + \displaystyle\sum_{k=1}^{n-1} b_k$

$$= 1 + \sum_{k=1}^{n-1} \left(\frac{k^3 - 3k^2 + 8k}{6} \right)$$

$$= 1 + \frac{1}{6} \cdot \left\{ \frac{(n-1)n}{2} \right\}^2 - \frac{3}{6} \cdot \frac{(n-1)n(2n-1)}{6} + \frac{8}{6} \cdot \frac{(n-1)n}{2}$$

$$= \frac{n^4 - 6n^3 + 23n^2 - 18n + 24}{24}$$

$n = 1$ のとき成り立つので $a_n = \dfrac{n^4 - 6n^3 + 23n^2 - 18n + 24}{24}$

　M 教諭から「対角線の交点の個数の数もおもしろいです。」と言われました。「どうして？」と聞いたところ「${}_nC_4$ で表せるんです。」詳しく聞いたところ，「四角形の対角線の交点は 1 個しかないことから，n 個の頂点から 4 つを選び出すだけでいいんです。」なーるほどと思いました。対角線の交点に関しては四角形は単位元だということを学習しました。

4.1.2.2 カタランの多角形問題

> 問. n 角形を対角線で三角形にわける分け方は何通りありますか？ ただし対角線が交差してはいけません。 ☐ に入る数はいくつでしょう？
>
> | n 角形 | 3 | 4 | 5 | 6 | 7 |
> |---|---|---|---|---|---|
> | 分け方 | 1 | 2 | 5 | 14 | |

※五角形の場合

S「これは…1, 3, 9 と増えているから次は 27 個増えて 14 + 27 で 41 です。」
T「本当にそれでいい？」
S「ええっ〜？ 書いてみようかな，でも大変そう〜。」

　これは「カタランの多角形問題」というかなり有名な問題です。求め方は右の道の行き方の場合の数を求めることと同じです。パスカルの三角形のようにお互いの和を順次求めていきます。一般項 C_n はコンビネーションを用いた式で表すことができますがいちいち公式から求めるのは大変です。でもこの方法さえ知っていれば簡単に数項だったら求めることができますね。

$$C_n = \frac{1}{n+1}{}_{2n}C_n = \frac{(2n)!}{(n+1)!\,n!}$$
$$C_5 = \frac{7 \times 8 \times 9 \times 10}{1 \times 2 \times 3 \times 4 \times 5} = 42$$

4.1.2.3 球を平面で分割する問題

> 問. 球を球の中心を通る平面で切ったとき何個に分けることができますか？ ☐ に入る数はいくつでしょう？
>
> | n 回 | 1 | 2 | 3 | 4 |
> |---|---|---|---|---|
> | 分割数 | 2 | 4 | 8 | |

S「こんどは大丈夫！ 16 です。」
T「本当にそれでいい？」
S「ええっ〜？ ここにリンゴがあるから切ってみようかな〜。」

　もうここまで読んだんなら「16 じゃないな。」って思いますよね。その通り正解は 14 です。実験してみたらどうでしょう。ちなみに一般項は $a_n = n^2 - n + 2$ になります。
　数学教師はある意味サディスティックですね。自分も否定はしません。

(参考文献：新・高校数学外伝 日本評論社 1982 年)

4.1.2.4　平面を円で分割する問題

前と同じ数列ですが以下のような問題もあります。

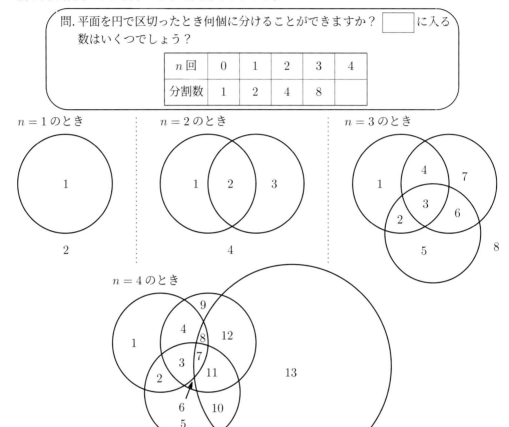

問. 平面を円で区切ったとき何個に分けることができますか？ □ に入る
数はいくつでしょう？

n 回	0	1	2	3	4
分割数	1	2	4	8	

$n = 1$ のとき　　$n = 2$ のとき　　$n = 3$ のとき

$n = 4$ のとき

　いかがですか？　この問題は数列の漸化式で表すと $n \geqq 1$ のとき $n + 1$ 回目の円は $2n$ 個の交点をもつことより

$$\begin{cases} a_0 = 1,\ a_1 = 2 \\ a_{n+1} = a_n + 2n\ (n \geqq 1) \end{cases}$$

階差数列を $\{b_n\}$ とすると

$$\begin{cases} b_0 = a_1 - a_0 = 2 - 1 = 1 \\ b_n = a_{n+1} - a_n = 2n\ (n \geqq 1) \end{cases}$$

$n \geqq 1$ のとき $b_k = \sum_{k=0}^{n-1} 2k$ より $a_n = a_0 + \left(b_0 + 2 \cdot \dfrac{(n-1)n}{2} \right) = 1 + (1 + n^2 - n) = n^2 - n + 2$

この数式は $n = 0$ のとき 2 になって成り立ちません。よって表し方は

$$\begin{cases} a_0 = 1 \\ a_n = n^2 - n + 2\ (n \geqq 1) \end{cases}$$

　階差数列を用いて数列を求めると初項を独立に定義しないと一般式が成り立たない例です。前の問いも 0 回のとき 1 個を付け加えると同じ問題になります。平面の方が考えやすいと思い付け加えました。

(参考文献：数学セミナー 2000 年 1 月号 P12「階差数列と初項」)

4.1.3 直線で平面を分ける領域の数

> 問. n 本の直線で平面を分けるとき最大何個の領域に分けることができるのだろう？

例えば3本の直線で平面を分ける領域は以下のようになる。

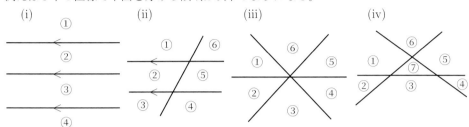

位置関係の異なる4種類の図を考えることができるが，互いに平行でなく，異なる点で交わる直線を使ってできる限り多くの領域 (iv) に分けることを確認する。最初はデータを集め，まとめさせてから一般項 (a_n) を考えさせていく。

直線の数 (n)	1	2	3	4	5	6	7	8	9	10	$\cdots$	n
領域の数 (a_n)	2	4	7	11	16	22	29	37	46	56	$\cdots$	$\dfrac{n^2+n+2}{2}$
第1階差 (b_n)		2	3	4	5	6	7	8	9	10	$\cdots$	$n+1$

※階差数列を使っての求め方

$n \geqq 2$ のとき

$$
\begin{aligned}
a_n &= a_1 + \sum_{k=1}^{n-1} b_k \\
&= a_1 + \sum_{k=1}^{n-1} (k+1) \\
&= 2 + \sum_{k=1}^{n-1} k + \sum_{k=1}^{n-1} \\
&= 2 + \frac{(n-1)n}{2} + (n-1) \\
&= \frac{n^2+n+2}{2}
\end{aligned}
$$

$n=1$ のとき成り立つので

$$
a_n = \frac{n^2+n+2}{2}
$$

参考までに数研出版新編数学Bの教科書P45にある右のコラムを載せておく。

※漸化式を使っての求め方

$$
a_{n+1} = a_n + (n+1)
$$

$$
\begin{aligned}
a_n &= a_{n-1} + n \\
a_{n-1} &= a_{n-2} + (n-1) \\
\cdots &= \cdots \cdots \\
a_3 &= a_2 + 3 \\
+)\ a_2 &= a_1 + 2 \\
\hline
a_n &= a_1 + \sum_{k=1}^{n-1} (k+1)
\end{aligned}
$$

Column   平面の分割

平面上に n 本の直線があります。それらのどの2本も平行でなく，またどの3本も1点では交わらないとします。そして，これら n 本の直線で分けられる平面の部分の個数を a_n とすると，次のようになります。

$$a_1 = 2, \quad a_2 = 4, \quad a_3 = 7$$

平面が3本の直線で分けられているとき，右の図のように4本目の直線 ℓ を引くと，直線 ℓ は3本の直線と3個の点で交わり，2つの線分と2つの半直線に分けられます。

これらの線分と半直線は，それらが含まれる部分を2つに分けるため，新しい部分は4個だけ増えます。すなわち，$a_4 = a_3 + 4$ となります。

一般に

$$a_{n+1} = a_n + (n+1)$$

であることを導いて，a_n を求めてみましょう。

4.1.3.1　平面で空間を切り分ける領域の数

　直線を平面に，平面を空間に置き換えることで，平面で空間を切り分ける領域の数に発展できる。以下の文は参考にした数学セミナー[4]からの文である。

> 　3 次元空間の n 枚の平面が一般の位置にあるとき，この n 枚の平面が分ける領域の個数を $f_3(n)$ と置こう。
>
> 　ここで，平面を n 本の直線で分けたときと同様に，n 枚の平面のうちの 1 枚の平面に H に着目してみよう。この平面 H は他の $n-1$ 枚の平面それぞれと直線で交わっている。したがって，平面 H 上には，$n-1$ 本の直線が他の平面との交わりとして現れている。そして，少し考えると，この $n-1$ 本の直線は一般の位置にあることが分かる。一般の位置にあるので，この $n-1$ 本の直線は平面 H を $f_2(n-1)$ 個の領域に分けている。
>
> 　3 次元空間を n 枚の平面が領域分割を与えている状況から平面 H を取り除いてみると，3 次元空間を $n-1$ 枚の平面が領域分割を与えている状況になり，この $n-1$ 枚の平面は一般の位置にある。したがって，この $n-1$ 枚の平面は 3 次元空間を $f_3(n-1)$ 個の領域に分割している。ここに平面 H を戻してみると，平面 H 上の直線配置における各々の領域が，$n-1$ 枚の平面配置の与えている領域分割のうちの 1 つの領域を 2 つに分割する。このことから，次の漸化式が得られる。
>
> $$f_3(n) = f_3(n-1) + f_2(n-1)$$

　ここで $f_2(n)$ というのは 2 次元の平面上で n 本の直線で分けられる領域の数である。また文中で「一般の位置」というのは領域の数を少なくしない位置のことである。この関係式から $f_3(n)$ を求めると

$$f_3(n) = f_3(0) + \sum_{k=1}^{n-1}\left(\frac{k^2+k+2}{2}\right) + f_2(0)$$

$f_3(0) = f_2(0) = 1$ より

$$f_3(n) = \frac{n^3 + 5n + 6}{6}$$

になる。具体的な数は

平面の数	0	1	2	3	4	5	6	7	$\cdots$	n
領域の数	1	2	4	8	15	26	42	64	$\cdots$	$\dfrac{n^3+5n+6}{6}$

　$1, 2, 4, 8$ と 2 の等比数列が並ぶが突然に $n=4$ のとき 15 という数が出現する。この数列の名前は"ケーキ数"といい，パスカルの三角形における左から 4 個の数の和になっている。($a_n = {}_nC_0 + {}_nC_1 + {}_nC_2 + {}_nC_3$：右図参照)

　直線で平面をわける領域の数はパスカルの三角形における左から 3 個の数の和で，"怠け仕出し屋の数列"というがネーミングが悪い。整数列大辞典 $A000124$ の文の中にパンケーキを分割するとあった。"パンケーキ分割数"で統一されないかなって感じている。

パスカルの三角形

```
            1
          1   1
        1   2   1
      1   3   3   1
    1   4   6   4   1
  1   5  10  10   5   1
1   6  15  20  15   6   1
```

　人間成長してくると頭が固くなってくるが頭が柔らかいうちに考えさせることで空間のイメージをもつことができるのではと感じる。Wikipedia に平面 4 個で区切られた 15 個の領域の図があった。数学セミナーでは d 次元空間まで拡張している。参照してほしい。

---

[4]2019 年 4 月号 P50「超平面の切り分ける領域の個数はいくつ？」

第5章 数学 III

5.1 極限

5.1.1 陸上トラックのスタート位置 （本文 P131，資料 P160 参照）

教材名　式の計算 (学年問わず)
目　標　トラックの外側のコースのスタート位置はどうして内側よりも前になるのかを体感し，その理由を何らかの手立て (実測計算，文字を使った説明等) を用いて理解する。

学 習 活 動	備 考
問. さぁみんな，体育大会が近づいてきた。今日はどうして外側のコースの人は内側のコースの人よりも前でスタートするのかを体感してもらいたい。まずは直線コースで自分の歩幅を測ってみよう。	・電卓と記録用紙 (P160) を持参 ・本時は体育大会で使用するコースがグラウンドに描かれている時期がいい ・第 2 コース，第3コースの測るスタート位置は第 1 コースと同じ位置
測り方. (1) 直線 50 m を何歩で歩くことができるか測定する。 (2) カーブを含む 100 m の第 1 コース，第 2 コース，第 3 コースを何歩で歩くことができるか測定する。	
問. コース幅が 1 m のときどれだけスタート位置を前に動かさなければいけないのだろう？	
・先生，カーブの半径は何 m なんですか？ ・半径は r m としてもいいんじゃないか？ ・$\pi(r+1) - \pi r = \pi$ だから π m だけ前にでるんだ。	・メジャーを用意しておく ・この辺から教室に戻ってもいい
問. 外側のコースの人は π m だけスタート位置をずらすことはわかったけど，それだとずーっと外側のコースの人はいつかゴールに着いてしまうんじゃないだろうか？ (コース図を見せた後) 外側のコースの人は隣のコースの人より同じ π m だけ前に出ているのに，最後の方はどうして最初よりもなかなか前にすすまないのだろう？	

　大雑把な指導案で申し訳ない。最初の発問は教室でそしてグラウンドという流れでもいいと
感じる。しかしグラウンドでの授業は生徒指導がきちんとできないとお説教だらけの授業になっ
てしまうかもしれない。自分は生徒指導にちょっと自信がないと感じた人は少人数で行ってい
る集団で試してみるのもいいだろう。「どうして外側のコースの人は内側のコースの人より前で
スタートするのかなぁ〜？」という疑問をきちんともつことができれば自分から問題解決に向
かってがんばるのではと感じます。

5.1.1.1　コース図その 1

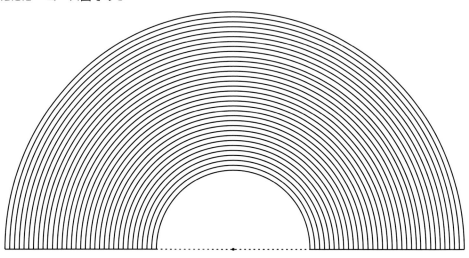

5.1.1.2　コース図その 2

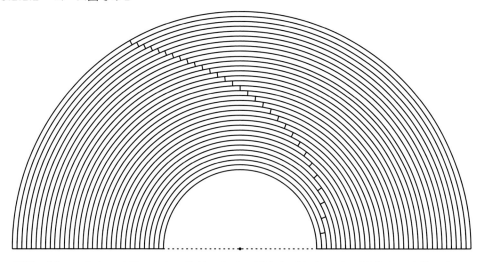

　最後の問いのイメージができない生徒のために図を作成した。ある程度までは前に出ている
ような感じだが，ある所から横にずれているだけだというイメージがもてればいいと思う。最
後，教室で何らかのメディアを使って表示させれば，感じ取れると思います。

余談で…。この図を見ていたら「スタート位置を表す式はどうなるのだろう？」っていう疑問が浮かんだ。半径 R，第 n コースの幅 a として求めるとスタートラインと原点を結んだ角度 θ は $\theta = 180° - \dfrac{R}{R + a(n-1)} \times 180°$ になる。

$$\theta = 180° - \frac{R}{R + a(n-1)} \times 180°$$
$$x^2 + y^2 = (R + a(n-1))^2$$
$$x = k\cos\theta$$
$$y = k\sin\theta$$

以上のことより

$$x = (R + a(n-1))\cos\left(180° - \frac{R}{R + a(n-1)} \times 180°\right)$$
$$y = (R + a(n-1))\sin\left(180° - \frac{R}{R + a(n-1)} \times 180°\right)$$

ちょっと式変形して角度をラジアンにすると

$$\begin{cases} x = -(R + a(n-1))\cos\left(\dfrac{\pi R}{R + a(n-1)}\right) \\ y = (R + a(n-1))\sin\left(\dfrac{\pi R}{R + a(n-1)}\right) \end{cases}$$

以上の考察の結果，グラフにスタートの位置を点線で付け加えました。そしてもうちょっと式が簡単にならないかと工夫の結果，$n - 1 = N$，そして $a = 1$ とすると

$$\begin{cases} x = -(R + N)\cos\left(\dfrac{\pi R}{R + N}\right) \\ y = (R + N)\sin\left(\dfrac{\pi R}{R + N}\right) \end{cases}$$

5.1.1.3　コース図その 3

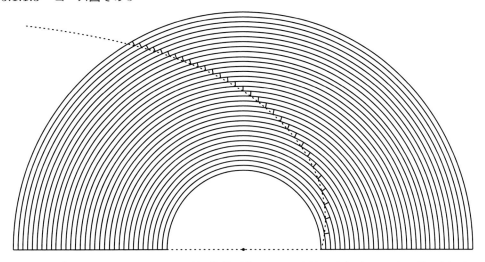

　もう 1 つ余談で，図を見てわかる通り後半の進む π m は最初の頃よりそんなに前に行かない。これは基準線 (1 コースがスタートする位置) からの距離だからである。コーナーがスタートの競技において，第 3 コースのスタート位置は基準線から 2π m 測らなければいけない。各学校の体育部がそこまで厳密に測っているのだろうか。スタートの線は大丈夫かなぁ〜。

5.1.1.4　極方程式

　同僚と話をしていたら極座標を用いた極方程式の方が簡単に表せるんじゃないかと気づきました。極座標とは原点からの距離 r と角度 θ で表す座標の事です。このことよりラジアン単位の θ で表した扇形の弧の長さ ℓ は $\ell = r\theta$ より

$$r(\pi - \theta) = \pi R$$
$$r = \frac{\pi R}{\pi - \theta} \ (0 \leq \theta < \pi)$$

　美しい…，久しぶりに感動しました。ヒントをくれた村梠 $_\text{T}$ ありがとう。

5.1.2　無限多重根号

　無限という言葉は数学 I から無限集合という言葉で登場しますが，正式に ∞ という記号は数学 III の「数列の極限」で新出しています。無限がらみで生徒が知っているルートを用いた無限多重根号に触れさせるのもありかなって思いました。

5.1.2.1　平方根の無限多重根号

　平方根を使った無限多重根号です。

$$6 = \sqrt{30 + \sqrt{30 + \sqrt{30 + \cdots}}}, \quad 6 = \sqrt{42 - \sqrt{42 - \sqrt{42 - \cdots}}}$$

$n = \sqrt{A \pm n}$

両辺 2 乗して

$n^2 = (\sqrt{A \pm n})^2$

$n^2 = A \pm n$

$A = n^2 \mp n$

$A = n(n \mp 1)$

n	$n(n-1)$	$n(n+1)$	n	$n(n-1)$	$n(n+1)$
1		2	6	30	42
2	2	6	7	42	56
3	6	12	8	56	72
4	12	20	9	72	90
5	20	30	10	90	110

　ここに登場する $n(n \mp 1)$ という数は矩形数（くけい）といい，連続する整数の積で，三角数の 2 倍の数です。授業として書くと

問. $\sqrt{30 + \sqrt{30 + \sqrt{30 + \cdots}}}$ はいくつになるのだろう？

$x = \sqrt{30 + \sqrt{30 + \sqrt{30 + \cdots}}}$ として計算できるのだろうか？

　そして

$x = \sqrt{30 + x}$

とすればいいことに気づかせば生徒の力で計算できます。次の発問は

問. $6 = \sqrt{A - \sqrt{A - \sqrt{A - \cdots}}}$ が成り立つ A はいくつだろう？

といえば，さらに理解が深まると思います。数学教員は無限の考え方がわかっているのでそんなこと当たり前だろって感じますが，生徒にとっては今までとは少し異なる立式の仕方ですので多少の訓練が必要です。

5.1.2.2 立方根の無限多重根号

立方根を使った無限多重根号です。平方根の無限多重根号で理解が進めばあとは意外と簡単です。

$$2 = \sqrt[3]{6 + \sqrt[3]{6 + \sqrt[3]{6 + \cdots}}} \ , \quad 2 = \sqrt[3]{10 - \sqrt[3]{10 - \sqrt[3]{10 - \cdots}}}$$

$n = \sqrt[3]{A \pm n}$ から $A = n^3 \mp n = n(n^2 \mp 1)$

n	$n(n^2-1)$	$n(n^2+1)$	n	$n(n^2-1)$	$n(n^2+1)$
1		2	6	210	222
2	6	10	7	336	350
3	24	30	8	504	520
4	60	68	9	720	738
5	120	130	10	990	1010

$n(n^2-1) = (n-1)\cdot n\cdot(n+1)$ よりこの数は3連続整数の積です。m 乗根は $n^m \pm n$ の数です。

5.1.2.3 ラマヌジャンの無限多重根号

インドの数学者ラマヌジャン[1]は以下の式を雑誌に投稿しました。

$$x = \sqrt{1+2\sqrt{1+3\sqrt{1+4\sqrt{1+5\sqrt{\cdots}}}}}$$

美しい式ですね。x がいくつかわかりますか？ $x = 3$ になります。この式を一般化するには多少の苦労が必要です。

$$\{F(x)\}^2 = 1 + xF(x+1)$$

$$F(x) = \sqrt{1 + xF(x+1)}$$

$$F(x) = \sqrt{1 + x\sqrt{1 + (x+1)\sqrt{1 + (x+2)\sqrt{1 + (x+3)\sqrt{\cdots}}}}}$$

ここで $x = 2$ とおくと

$$F(2) = \sqrt{1 + 2\sqrt{1 + 3\sqrt{1 + 4\sqrt{1 + 5\sqrt{\cdots}}}}}$$

よって $\{F(x)\}^2 = 1 + xF(x+1)$ を満たす関数がわかれば求められます。

ここで上記の式の左辺と右辺の x の次数を比べると $F(x)$ は1次式ということがわかります。

$$F(x) = ax + b \text{ とすると}$$
$$(ax+b)^2 = 1 + x\{a(x+1) + b\}$$
$$a^2x^2 + 2abx + b^2 = ax^2 + (a+b)x + 1$$
$$(a^2-a)x^2 + (2ab-a-b)x + b^2 - 1 = 0$$
$$a^2 - a = 0, \, 2ab - a - b = 0, \, b^2 - 1 = 0$$
$$a \neq 0 \text{ より} \quad a = 1 \ , \ b = 1$$
$$F(x) = x + 1$$
$$\text{よって} \ \ F(2) = 2 + 1 = 3$$

Wikipedia の式から自分なりに少し変形しました。

---

[1]Srinivasa Ramanujan 1887-1920

5.1.3　特異数字列になる分数　〜小数と無限級数〜

5.1.3.1　入門編 $\dfrac{1}{3}$

ほとんどの生徒ができて欲しいですが……

$$\frac{1}{3} = 0.3333\cdots$$
両辺を 3 倍します。
$$\frac{1}{3} \times 3 = 0.3333\cdots \times 3$$
$$1 = 0.9999\cdots$$
上の式でどこがおかしいですか？

　数学教師の皆さんは上の式は正しい式だということは理解していると思います。生徒は上手に説明できるかなぁ？

(1)　数学で等しいかどうかは差で判断します。$A - B = 0$ のとき $A = B$ です。

　　$1 - 0.999\cdots = 0.000\cdots$

(2)　初項 0.3, 公比 0.1 の無限等比級数で求めることもできます。

$$\lim_{n\to\infty} \frac{0.3(1 - 0.1^n)}{1 - 0.1} = \frac{0.3}{0.9} = \frac{1}{3}$$

　このことに加えて「この式は見かけにごまかされてはダメっていうことを教えてくれているんだよ。」って伝えてください。$\sqrt{9} = 3$ と同じことだよって。

5.1.3.2　基礎編 $\dfrac{1}{49}$

分数を小数で書き表したとき特異な数字列になる数があります。

$$\frac{1}{49} \fallingdotseq 0.020408163265306122448979591836734693877551\cdots$$

```
        0.02
          04
           08
            16
             32
              64
              128
               256
                512
                1024
                2048
```
$$\overline{\qquad\qquad\qquad\qquad\qquad\qquad\qquad\qquad\qquad\qquad}$$
$$0.020408163265306122244\cdots$$

　$\dfrac{1}{49}$ は循環節 42 の循環小数ですが，2 の累乗数が順に出現します。これは $\dfrac{1}{49}$ が初項 0.02, 公比 0.02 の無限等比級数の極限値だからです。

$$\lim_{n\to\infty} \frac{0.02(1 \quad 0.02^n)}{1 - 0.02} = \frac{0.02}{0.98} = \frac{1}{49}$$

5.1.3.3　発展編　$\dfrac{1}{89}$

数学 B の「数列」でフィボナッチ数列を指導したと思います。その数列の貴重さを知っていれば次の分数の不思議さを感じることができます。

$$\dfrac{1}{89} \fallingdotseq 0.01123595505617977528089887640449438202247191\cdots$$

$$
\begin{array}{l}
0.01\\
\quad 1\\
\quad 2\\
\quad\ 3\\
\quad\ \ 5\\
\quad\ \ \ 8\\
\quad\ \ \ 13\\
\quad\ \ \ \ 21\\
\quad\ \ \ \ \ 34\\
\quad\ \ \ \ \ \ 55\\
\quad\ \ \ \ \ \ \ 89\\
\quad\ \ \ \ \ \ \ 144\\
\hline
0.01123595505\cdots
\end{array}
$$

どうしてこのような数字列になるのかは無限級数をつかうと解決します。フィボナッチ数列の第 n 項を a_n とし公比 r を $\dfrac{1}{10}$ としたとき,

$$S_n = a_1 r^2 + a_2 r^3 + a_3 r^4 + a_4 r^5 + \cdots + a_n r^{n+1} \quad \cdots\cdots ①$$
$$r S_n = a_1 r^3 + a_2 r^4 + a_3 r^5 + a_4 r^6 + \cdots + a_n r^{n+2} \quad \cdots\cdots ②$$
$$r^2 S_n = a_1 r^4 + a_2 r^5 + a_3 r^6 + a_4 r^7 + \cdots + a_n r^{n+3} \quad \cdots\cdots ③$$

$① - ② - ③$ より

$$(1 - r - r^2)S_n = a_1 r^2 + a_2 r^3 - a_1 r^3 + \sum_{k=3}^{n}(a_k - a_{k-1} - a_{k-2})r^{k+1} - a_n r^{n+2} - a_{n-1} r^{n+2} - a_n r^{n+3}$$

ここで $a_k = a_{k-1} + a_{k-2}$ より $a_k - a_{k-1} - a_{k-2} = 0$, また $a_1 = 1$, $a_2 = 1$ より $a_2 r^3 - a_1 r^3 = 0$

$$(1 - r - r^2)S_n = a_1 r^2 - a_n r^{n+2} - a_{n-1} r^{n+2} - a_n r^{n+3}$$
$$= a_1 r^2 - a_{n+1} r^{n+2} - a_n r^{n+3}$$

よって

$$S_n = \dfrac{1}{1 - r - r^2}(a_1 r^2 - a_{n+1} r^{n+2} - a_n r^{n+3})$$

$n \to \infty$ のとき $a_n r^{n+1} \to 0$ より

$$S = \dfrac{a_1 r^2}{1 - r - r^2}$$

この式に $a_1 = 1$, $r = \dfrac{1}{10}$ を代入すると

$$S_n = \dfrac{\left(\dfrac{1}{10}\right)^2}{1 - \dfrac{1}{10} - \left(\dfrac{1}{10}\right)^2} = \dfrac{\dfrac{1}{100}}{1 - \dfrac{1}{10} - \dfrac{1}{100}} = \dfrac{1}{89}$$

$r = \dfrac{1}{100}$ としたときは

$$S_n = \dfrac{\left(\dfrac{1}{100}\right)^2}{1 - \dfrac{1}{100} - \left(\dfrac{1}{100}\right)^2} = \dfrac{\dfrac{1}{10000}}{1 - \dfrac{1}{100} - \dfrac{1}{10000}} = \dfrac{1}{9899}$$

$$\dfrac{1}{9899} \fallingdotseq 0.000101020305081321345590463683200323264976260228305889483786 24\cdots$$

$\dfrac{1}{9899}$ は循環節 468 の循環小数です。(参考文献：数学セミナー 2004 年 9 月号「$\dfrac{1}{89}$ の不思議」)

5.1.3.4 応用編 $\frac{1}{243}$

分数を小数で書き表したとき特異な数字列になる第 3 弾です。

$$\frac{1}{243} \fallingdotseq 0.004115226337448559670781893004 11\cdots$$

$$
\begin{array}{l}
0.004 \\
\quad\ 115 \\
\qquad 226 \\
\qquad\ \ 337 \\
\qquad\quad 448 \\
\qquad\qquad 559 \\
\qquad\qquad\ 670 \\
\qquad\qquad\quad 781 \\
\qquad\qquad\qquad 892 \\
\qquad\qquad\qquad\ 1003 \\
\qquad\qquad\qquad\quad 1114 \\
\hline
0.004115226337448559670781893004 11\cdots
\end{array}
$$

上の小数は循環節 27 の循環小数ですが，3 桁ごとに区切ると公差 111 の等差数列になっています。ファインマン[2]の著作で"quite cute"(かなりかわいい) と指摘しています。これも考察してみましょう。

等差数列の初項を a_1，公差を d，一般項を a_n とすると

$$S_n = \frac{a_1}{1000} + \frac{a_2}{1000^2} + \frac{a_3}{1000^3} + \frac{a_4}{1000^4} + \cdots + \frac{a_n}{1000^n} \quad \cdots\cdots ①$$

$$1000S_n = a_1 + \frac{a_2}{1000} + \frac{a_3}{1000^2} + \frac{a_4}{1000^3} + \cdots + \frac{a_n}{1000^{n-1}} \quad \cdots\cdots ②$$

② − ① より

$$999S_n = a_1 + \frac{a_2 - a_1}{1000} + \frac{a_3 - a_2}{1000^2} + \frac{a_4 - a_3}{1000^3} + \cdots + \frac{a_n - a_{n-1}}{1000^{n-1}} - \frac{a_n}{1000^n}$$

$$= a_1 + \frac{d}{1000} + \frac{d}{1000^2} + \frac{d}{1000^3} + \cdots + \frac{d}{1000^{n-1}} - \frac{a_1 + (n-1)d}{1000^n}$$

$$= a_1 + d\left(\frac{1}{1000} + \frac{1}{1000^2} + \frac{1}{1000^3} + \cdots + \frac{1}{1000^n}\right) - \frac{a_1 + nd}{1000^n}$$

$$= a_1 + d \cdot \frac{\frac{1}{1000}\left(1 - \left(\frac{1}{1000}\right)^n\right)}{1 - \frac{1}{1000}} - \frac{a_1 + nd}{1000^n}$$

$$= a_1 + \frac{d}{999}\left(1 - \left(\frac{1}{1000}\right)^n\right) - \frac{a_1 + nd}{1000^n}$$

$n \to \infty$ のとき

$$999S = a_1 + \frac{d}{999}$$

$a_1 = 4, d = 111$ を代入すると

$$999S = 4 + \frac{111}{999}$$

$$999S = 4 + \frac{1}{9}$$

$$S = \frac{37}{9} \cdot \frac{1}{999} = \frac{1}{243}$$

> この $\dfrac{nd}{1000^n}$ の形の極限は教科書にはない形なので，授業で扱うときには簡単に解説してあげてください。

正体がわかると気分がスッキリすると思いませんか？

(参考文献：数学セミナー 2000 年 2 月号「冗談の解読」)

---
[2]Richard Phillips Feynman 1918-1988

5.1.3.5 探求編 $\dfrac{a}{1-r}$

ここでは基礎編の $\dfrac{1}{49}$ で出現した無限等比級数の極限値を表す $\dfrac{a}{1-r}$ で遊んでみましょう。

(1) $a = r = 0.04$ のときは $\dfrac{1}{24}$ になり，初項 0.04，公比 0.04 の無限等比級数の極限値です。

$$\frac{0.04}{1-0.04} = \frac{4}{96} = \frac{1}{24} \fallingdotseq 0.041666666666666666\cdots$$

$$\begin{array}{r} 0.04 \\ 16 \\ 64 \\ 256 \\ 1024 \\ 4096 \\ 16384 \\ 65536 \\ 262144 \\ \hline 0.04166666666666\cdots \end{array}$$

(2) $a = r = 0.05$ のときは $\dfrac{1}{19}$ になり，初項 0.05，公比 0.05 の無限等比級数の極限値です。

$$\frac{0.05}{1-0.05} = \frac{5}{95} = \frac{1}{19} \fallingdotseq 0.052631578947368421\cdots$$

$$\begin{array}{r} 0.05 \\ 25 \\ 125 \\ 625 \\ 3125 \\ 15625 \\ 78125 \\ 390625 \\ 1953125 \\ \hline 0.05263157894736\cdots \end{array}$$

(3) 巡回数 142857 を作る分数で有名な $\dfrac{1}{7}$ は $\dfrac{1}{10-3} = \dfrac{0.1}{1-0.3}$ より初項 0.1，公比 0.3 の無限等比級数の極限値です。

$$\frac{1}{7} \fallingdotseq 0.1428571428571\cdots$$

$$\begin{array}{r} 0.1 \\ 3 \\ 9 \\ 27 \\ 81 \\ 243 \\ 729 \\ 2187 \\ \hline 0.1428\cdots \end{array}$$

最後に $\dfrac{1}{17}$ を例に分数における無限等比級数の初項と公比のみつけ方を書いておきます。

$$\frac{1}{17} = \frac{1}{20-3} = \frac{1}{20-3} \times \frac{5}{5} = \frac{5}{100-15} = \frac{0.05}{1-0.15}$$

これから $\dfrac{1}{17}$ は初項 0.05，公比 0.15 の無限等比級数の極限値ということがわかります。小数というのは有限小数，無限小数ともに無限等比級数の極限値なんですね。単純な数字列が意味ある数列の和で表されたことに感動しました。

5.2　微分法の応用

5.2.1　立体図形の表面積・体積　　　　　　　　　　(本文 P128 参照)

　球の体積公式と表面積の公式をみて「似ているなぁ〜。」という想いをもったことはありませんか? 球の体積公式を r で微分すると表面積の公式が出現するのです。円も同じで面積公式を微分すると円周の長さになります。これは偶然ではありません。

$$V = \frac{4}{3}\pi r^3 \text{ より} \qquad S = \pi r^2 \text{ より}$$
$$V' = \left(\frac{4}{3}\pi r^3\right)' \qquad S' = (\pi r^2)'$$
$$= 4\pi r^2 \qquad\qquad = 2\pi r$$
$$= S \qquad\qquad\quad = \ell$$

5.2.1.1　立方体の表面積・体積

　こんなの偶然だろって人のために次は立方体で考えてみましょう。
　立方体の場合にはその形状から立方体の内部の中心 (対角線の交点) からの体積公式を考えます。中心から面への距離を a とすると，1 辺の長さは $2a$ になることより $V = (2a)^3 = 8a^3$ になります。ここから話を進めていきましょう。

$$V = 8a^3 \text{ より} \quad V' = (8a^3)'$$
$$= 24a^2$$
$$= (2a \times 2a) \times 6 = S$$

　微分よりも積分の考え方の方が私はしっくりきました。Δa だけ長さが増えたとき増える体積の量は表面積分になっていると感じたからです。(間違っていたらご指摘してください。)

5.2.1.2　円柱の表面積・体積

　さぁ次は円柱を考えてみましょう。底面の半径 r で高さが $2r$ です。球を取り囲むような円柱です。$V = \pi r^2 \times 2r = 2\pi r^3$ となります。

$$V = 2\pi r^3 \text{ より} \quad V' = (2\pi r^3)'$$
$$= 6\pi r^2$$
$$= 2\pi r^2 + 4\pi r^2$$
$$= \pi r^2 \times 2 + 2r \times 2\pi r = S$$

　最後の式は(底面積)×2+(側面積)となっています。もちろん円柱の側面積は長方形の (縦)×(横)です。縦は円柱の高さで，横は底面の円の円周の長さです。
　今回の大切なことは立方体の体積を 1 辺を a として $V = a^3$ でもいいのですけど 1 辺を $2a$ とした方が理解がしやすい場合があるということです。形を固定的に捉えてはいけないこと。柔軟に時々に応じて変化しなければいけないことです。年齢を積み重ねると意外に固定観念にとらわれやすくなっている自分に気がつきませんか?
　生徒は表面積，体積それぞれの公式を別々に覚えなければなりませんが，学習を積み重ねればそれが 1 つにまとまることが大切です。でも少し頭に来ているのは誰もこんなこと一度も指摘してくれる先生に出会わなかったことが悔やまれます。まっ誰も指摘しないから自分で考えたんだけどね…。

5.2.1.3 円錐の表面積・体積

気になったので，円錐でやってみました。

右の図は内接球に接している円錐の側面の断面図です。この円錐を内接球の半径 r で体積と面積を求めてみましょう。

$0 < \theta < \dfrac{\pi}{4}$ で $\tan\theta = \dfrac{r}{\mathrm{BH}}$ より

$$\mathrm{BH} = \frac{r}{\tan\theta}$$

$\tan 2\theta = \dfrac{\mathrm{AH}}{\mathrm{BH}}$ より

$$\mathrm{AH} = \frac{\tan 2\theta}{\tan\theta}r$$
$$= \frac{2}{1-\tan^2\theta}r$$

$\cos 2\theta = \dfrac{\mathrm{BH}}{\mathrm{AB}}$ より

$$\mathrm{AB} = \frac{1}{\cos 2\theta}\cdot\frac{r}{\tan\theta}$$
$$= \frac{1}{2\cos^2\theta - 1}\cdot\frac{r}{\tan\theta}$$
$$= \frac{1}{2\cdot\dfrac{1}{1+\tan^2\theta}-1}\cdot\frac{r}{\tan\theta}$$
$$= \frac{1+\tan^2\theta}{1-\tan^2\theta}\cdot\frac{1}{\tan\theta}\cdot r$$

$$(\cos 2\theta = 2\cos^2\theta - 1)$$
$$\left(\tan 2\theta = \frac{2\tan\theta}{1-\tan^2\theta}\right)$$
$$\left(1+\tan^2\theta = \frac{1}{\cos^2\theta}\right)$$

$V = \dfrac{1}{3}\times\pi\mathrm{BH}^2\times\mathrm{AH}$ より

$$V = \frac{1}{3}\cdot\pi\cdot\frac{r^2}{\tan^2\theta}\cdot\frac{2}{1-\tan^2\theta}r$$
$$= \frac{1}{\tan^2\theta(1-\tan^2\theta)}\cdot\frac{2}{3}\pi r^3$$

$S = \pi\mathrm{BH}^2 + \mathrm{AB}\times 2\pi\mathrm{BH}\times\dfrac{1}{2}$ より

$$S = \pi\cdot\frac{r^2}{\tan^2\theta} + \frac{1+\tan^2\theta}{1-\tan^2\theta}\cdot\frac{1}{\tan\theta}\cdot r\cdot 2\pi\cdot\frac{r}{\tan\theta}\cdot\frac{1}{2}$$
$$= \frac{1}{\tan^2\theta(1-\tan^2\theta)}\cdot 2\pi r^2$$

結果，任意の θ で無事 $V' = S$ を示すことができました。

5.2.1.4 球が内接する図形の性質

求めた式を眺めていたら $V = \dfrac{1}{3}Sr$ の性質に気づきました。少しネットを調べたら球が内接している図形は円柱，三角柱，四角柱，四角錐等すべての面が球に内接している立体にはこの性質があることをみつけました。（「立体とそれに内接する球の表面積の比と体積の比について」[3]）

また求めた体積 V を表す式において θ の値によって最小値が求まることに気づき計算したところ $\tan\theta = \dfrac{1}{\sqrt{2}}$ のとき最小値 $V = \dfrac{8}{3}\pi r^3$ になりました。だいたい $2\theta \fallingdotseq 78.4°$ のときです。自分が忘れないように微分の計算をメモがてら記述しておきます。

[3]https://www.chart.co.jp/subject/sugaku/suken_tsushin/49/49-9.pdf 数研出版

$$V = \frac{1}{\tan^2\theta(1-\tan^2\theta)} \cdot \frac{2}{3}\pi r^3$$

ここで $\tan\theta = t$, $\frac{2}{3}\pi r^3 = C$ とすると

$$V = \frac{C}{t^2 - t^4}$$

$\dfrac{dt}{d\theta} = \dfrac{1}{\cos^2\theta}$ と $\dfrac{dV}{dt} = -\dfrac{C}{(t^2-t^4)^2} \cdot (2t - 4t^3)$ より

$$V' = \frac{dV}{dt} \cdot \frac{dt}{d\theta} = -\frac{C}{(\tan^2\theta - \tan^4\theta)^2} \cdot (2\tan\theta - 4\tan^3\theta) \cdot \frac{1}{\cos^2\theta}$$

$$V' = \frac{2(2\tan^2\theta - 1)(1+\tan^2\theta)}{\tan^3\theta(1-\tan^2\theta)^2} \cdot \frac{2}{3}\pi r^3$$

ここで $0 < \theta < \dfrac{\pi}{4}$ より $0 < \tan\theta < 1$ から $(2\tan^2\theta - 1)$ 以外の項はすべて正である。

よって $2\tan^2\theta - 1 = 0$ より $\tan\theta = \dfrac{1}{\sqrt{2}}$ を境に V' の符号が負から正へ変わるのでこのとき V は最小値になる。

年齢を重ねると計算力が落ちていきます。この微分の計算は同僚の T 教諭にやっていただき答え合わせをしました。ありがとうございました。

5.2.1.5 元気話．内角の和が $180°$ にならない三角形 その 2 (本文 P57 参照)

おまけでもう一つポアンカレ円板からできる周上に頂点をもつ三角形の内角の和は $0°$ です。ポアンカレ円板上の直線は交わる円周上の点と直交する円弧です。

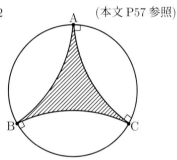

5.2.1.6 円の極限 III

オランダの画家マウリッツ・エッシャー[4]は 1959 年 2 次元平面上で無限を表すために双曲幾何学のポアンカレ円板を利用した木版画の作品「円の極限」を 4 作品作成しました。そのうちの III はその中の最高傑作と評価されています。日本語の Wikipedia にはまだこの作品の説明頁がありません。画像の引用先でもある英語頁の「Circle Limit III」を参照してください。

ポアンカレ円板   「円の極限 III」 by M. C. Escher

---

[4]Maurits Escher 1898-1972

5.3 積分法とその応用

　この頃の教員は精神疾患で現場をしばらく離れる人が多いと聞く。たまには実験の授業なんかはどうですか？　理科も学年が上がっていくと実験が少なくなっていくことを聞いています。数学の実験って聞いた生徒は喜ぶと思うけどなぁ〜，準備が少しだけ大変だけどね。教材はニュートン[5]の冷却の法則で，微分方程式の利用です。

5.3.1　お湯の温度 (資料 P161 参照)

5.3.1.1　お湯の温度実験

学　習　活　動	備　考
・ビーカーにお湯を入れるとお湯の温度はどうなりますか？	・準備するもの　・温度計・ストップウォッチ・お湯・ビーカー
・今日はビーカーに入れたお湯の温度がどのように下がっていくのか，その温度を測る実験をします。 問. 最初のお湯の温度が 80℃ だとして，どのように温度は下がっていくのか予想してみよう。 ・予想される生徒の考え	
問. 各班ごと道具を用意して実験を開始してください。	・実験レポート用紙 (P161)を配布する

時間 (分)	0	1	2	3	4	5	6	7	8	9	10
温度 (℃)	80.0	78.8	76.0	73.2	71.0	68.9	66.9	65.2	63.4	62.0	60.5

時間 (分)	11	12	13	14	15	16	17	18	19	20
温度 (℃)	59.0	57.9	56.5	55.3	54.2	53.1	52.2	51.2	50.3	49.5

学　習　活　動	備　考
・実験が終わった班は片付けをして，レポートをまとめましょう。	・余裕をもって終われるように時間を確保する

---

[5]Sir Isaac Newton 1642-1727

5.3.1.2　お湯の温度実験資料

今回行った時間とお湯の温度の関係が実際にはどのような関係になるのか，資料として付け加えておきます。

ニュートンの冷却の法則によれば，時刻 t におけるお湯の温度が室温より x℃ 高いとすると，お湯の温度の下がる速さは，室温との温度差 x に比例し，次の関係が成り立つ。

$$\frac{dx}{dt} = -kx$$

$$\frac{1}{x}dx = -kdt$$

$$\int \frac{1}{x}dx = \int -kdt$$

$$\log x = -kt + C$$

$$x = e^{-kt+C}$$

$$x = Ae^{-kt}$$

例えば，授業の準備のために行った予備実験のデータで説明しよう。

時間 (分)	0	1	2	3	4	5	6	7	8	9	10
実験値 (℃)	81.4	78.8	76.0	73.2	71.0	68.9	66.9	65.2	63.4	62.0	60.5

時間 (分)	11	12	13	14	15	16	17	18	19	20
実験値 (℃)	59.0	57.9	56.5	55.3	54.2	53.1	52.2	51.2	50.3	49.5

この場合，はじめの温度は 81.4℃ で，室温 24℃ より 57.4℃ 高かったから，$t=0$ のとき $x=57.4$ の条件で解くと

$$x = 57.4e^{-kt} \cdots (1)$$

20 分後のお湯の温度が 49.5℃ でそのときの室温 24℃ との差は 25.5℃ だから，

$$25.5 = 57.4e^{-20k}$$

したがって，

$$e^{-k} = \left(\frac{25.5}{57.4}\right)^{\frac{1}{20}} \fallingdotseq 0.9602\cdots$$

これを (1) に代入すると

$$x \fallingdotseq 57.4 \times 0.9602^t$$

となる。よってお湯の温度を y℃，時刻を t としたときのこの場合の関係式は

$$y = 57.4 \times 0.9602^t + 24$$

となる。これが初期値と終値から求めることができる関係式である。
理論値と実験結果を比べて書いてみよう。

時間 (分)	0	1	2	3	4	5	6	7	8	9	10
実験値 (°C)	81.4	78.8	76.0	73.2	71.0	68.9	66.9	65.2	63.4	62.0	60.5
理論値 (°C)	**81.4**	**79.1**	**76.9**	**74.8**	**72.8**	**70.9**	**69.0**	**67.2**	**65.5**	**63.8**	**62.2**
誤差		0.3	0.9	1.6	1.8	2.0	2.1	2.0	2.1	1.8	1.7

時間 (分)	11	12	13	14	15	16	17	18	19	20
実験値 (°C)	59.0	57.9	56.5	55.3	54.2	53.1	52.2	51.2	50.3	49.5
理論値 (°C)	**60.7**	**59.3**	**57.9**	**56.5**	**55.2**	**54.0**	**52.8**	**51.7**	**50.6**	**49.5**
誤差	1.7	1.4	1.4	1.2	1.0	0.9	0.6	0.5	0.3	

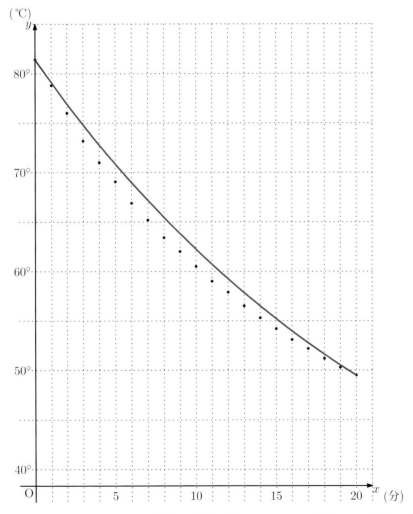

　点がデータをプロットしたもので，実線が理論値の値である。やや誤差がはっきりと出てしまったが，しかし実験のデータは満足するレベルだと感じている。

　このグラフを直線で結ぶ生徒はさすがにいないと思ったんだけど…。身近な現象に新しい曲線のグラフがあるんだという思いを抱かせれば授業は成功だと思います。若い先生はグラフソフトと組み合わせた授業が開発できるんじゃないかな。

5.3.1.3　お湯の温度実験の解説

今回行った実験の詳細を記しておこう。

(1) 温度計 (アルコール温度計)

・定番の温度計ですね。100℃ まで計れます。

(2) タイマー (キッチンタイマー)

・私の学校にはストップウォッチの代わりにキッチンタイマーが理科室に用意してあったので今回はそれを使用しました。

(3) お湯 (5 ℓ の電動ポット)

・保温型のポットだとお湯が冷めると思って，電動ポットにしました。実験の直前まで沸かしていました。

(4) ビーカー (200 cc)

・今回は一般的な 200 cc タイプのビーカーを使用しました。

目新しい器具はなく，生徒も一度は扱ったことのある器具ですので数学の教員以上に生徒の方が慣れていると思います。ここで自分なりに誤差を少なくした工夫をいくつか書いておきます。

・ビーカーを生徒に配布する前に，ビーカーに一度お湯を入れて暖めておいた。(湯通しです。)

・温度の測り始めは温度計が上がりきって，少し待ってから始めるように注意しておいた。

とりたてて専門的なことではありません。この実験は本当にシンプルです。

5.3.1.4　数の話．〜オイラーの公式〜   (1 つ前は本文 P54，次は本文 P127)

−1 は負の整数で，中学生が数学で初めて学ぶ数です。
$$e^{i\theta} = \cos\theta + i\sin\theta$$
上のオイラーの公式に $\theta = \pi$ を代入すると
$$e^{i\pi} = -1$$
ネイピア数, 虚数, 円周率, 負の数の 4 つの数の密接な関係の感動の式の完成です。

整数列大辞典
A049006

虚数単位の i^i は実数の値です。オイラーの公式から定義できます。
$$i = e^{i\frac{\pi}{2}}$$
$$i^i = (e^{i\frac{\pi}{2}})^i$$
$$= e^{-\frac{\pi}{2}}$$
$$\fallingdotseq 0.20787957\cdots$$
「オイラーの公式から導き出される値は主値といって基本 $\theta \pm 2n\pi$ の値です。Wikipedia に書いてもこの「数の話」を作らないと忘れてしまうのはなぜだろう。」(Oz)

整数列大辞典
A039661

オイラーの公式から e^π が定義できます。この値は"ゲルフォントの定数"といい超越数です。
$$e^{i\pi} = \cos\pi + i\sin\pi$$
$$(e^{i\pi})^{-i} = (-1)^{-i}$$
$$e^\pi = (-1)^{-i}$$
$$\fallingdotseq 23.140692\cdots$$
「$e^\pi - \pi$ の値 ($A018938$) はほとんど 20 だという記事がありました。」(Oz)

第6章　数学C

6.1　平面上のベクトル

6.1.1　平行六面体と立方体

　立方体の展開図は11種類です。どうして神さまは立方体に11なんて半端な数を与えたのだろう？ 立方体の展開図が11種類なのはこれは仕方がないことなのです。だって元々は36種類の展開図があるのだけれども，その形状から仕方なく11種類になったということだったのです。

6.1.1.1　立方体の展開図と平行六面体の展開図との関係

(1)…①②

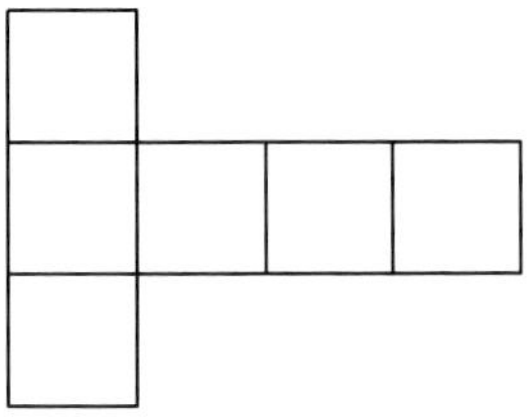

(2)…⑰⑱⑲⑳

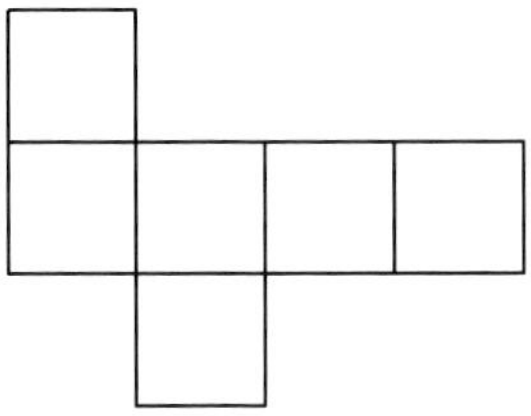

(3)…㉑㉒㉓㉔

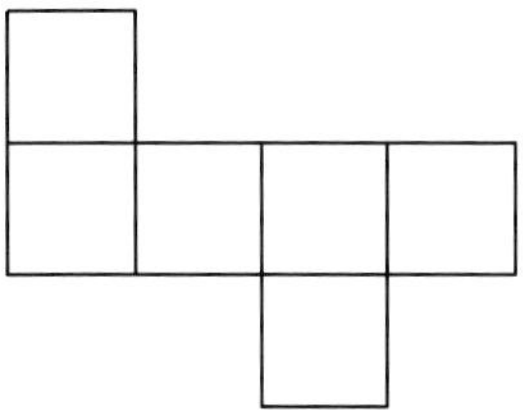

(4)…⑤⑥⑦

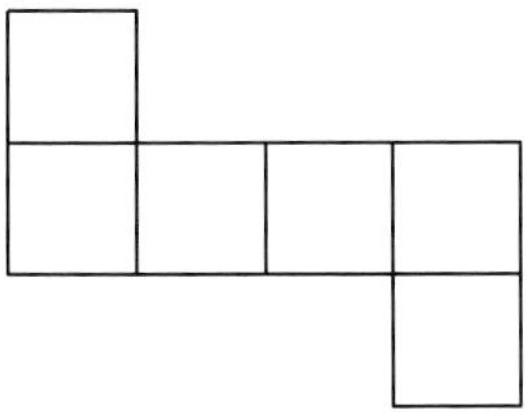

(5)…③④

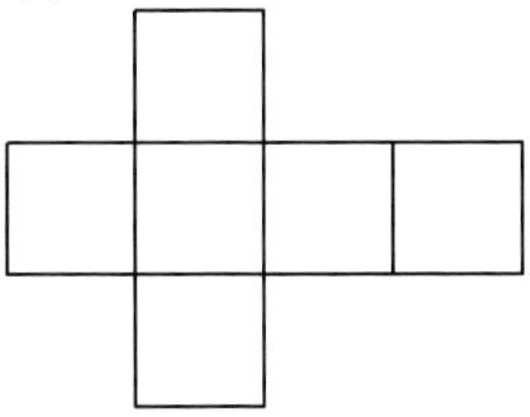

(6)…⑭⑮⑯

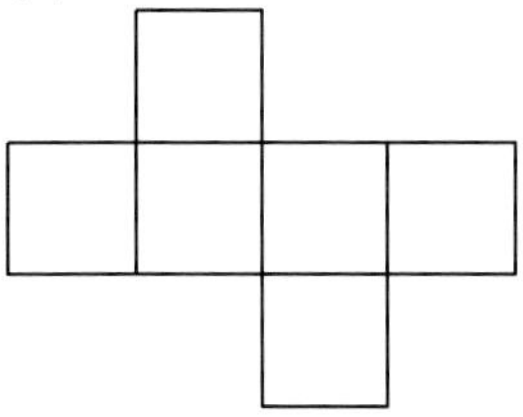

(7)…㉝㉞㉟㊱

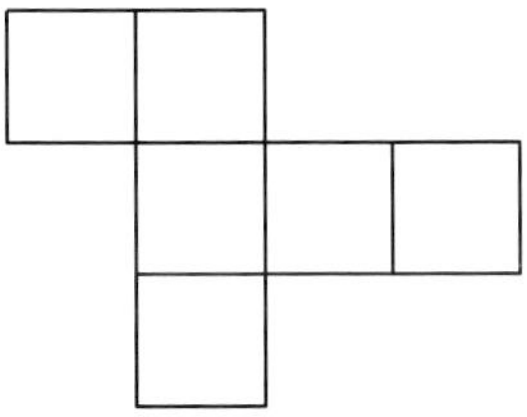

(8)…㉙㉚㉛㉜

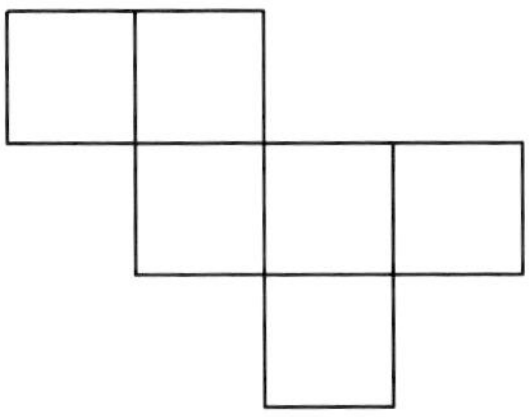

(9)…㉕㉖㉗㉘

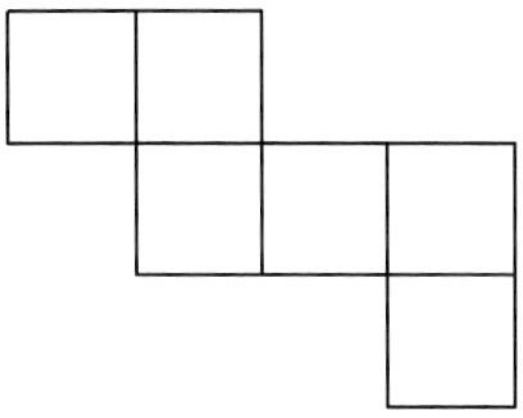

(10)…⑪⑫⑬

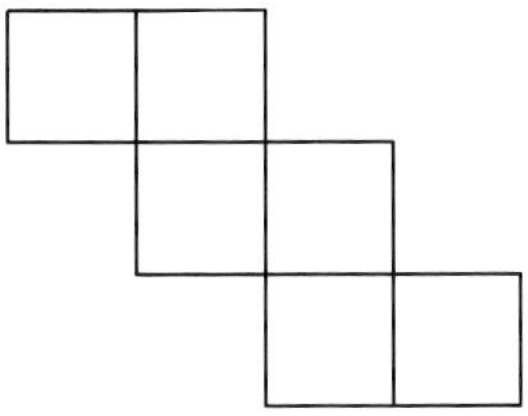

(11)…⑧⑨⑩

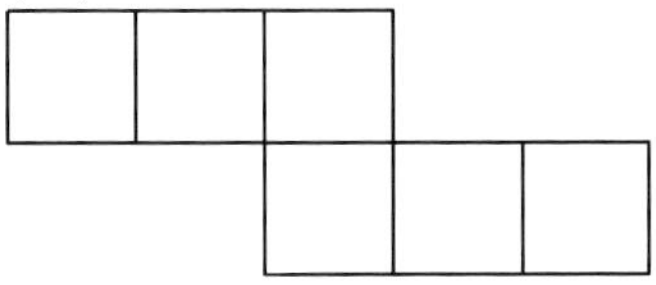

6.1.1.2　平行六面体の展開図

　時間があればこの平行六面体の展開図を考えさせたいなぁ〜。でもこの展開図はかなり難し
い。できたと思って紙に写し組み立ててもどこかがずれてしまう。

(参考文献：数学セミナー 1982 年 9 月号 P44「算私語録」)

6.1.1.3 元気話. 4次元の立方体の展開図

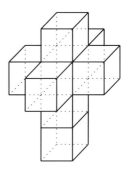

　立方体の展開図で思い出したので少し夢のある話を…, 3次元物体の展開図は2次元の平面上に書き表すことができます。ということは4次元の立方体の展開図を3次元空間で表すことができるはず。ということで, できた立体 (?) が右の図形です。この図形は「超立方体の展開図」といいます。

　「どうやって組み立てるんだぁ〜。」
と, おしかりの声が聞こえてきそうですが…, 30年以上 (昔, 見た本に載っていました。) もこの図を見てていると頭の中でかってに組み立てようとする自分がいます。

次元	図形	点の数	線の数	正方形の数	立方体の数	超立方体の数
2次元	正方形	4	4	1		
3次元	立方体	8	12	6	1	
4次元	超立方体	16	32	24	8	1
5次元	5次元超立方体	32	80	80	40	10
6次元	6次元超立方体	64	192	240	160	60
…	…	…	…	…	…	…
n次元	n次元超立方体	2^n	$2^{n-1}\times n$	$2^{n-2}\times {}_n\mathrm{C}_2$	$2^{n-3}\times {}_n\mathrm{C}_3$	$2^{n-4}\times {}_n\mathrm{C}_4$

6.1.1.4 ダリと超立方体

　スペインの美術家サルバドール・ダリ[1]は1954年に油彩画で「磔刑 (Corpus Hypercubus)」を完成させました。Wikipediaでは英語版でしかこの作品の紹介はないですが「四次元と芸術の関係」に多少の記述があります。

　画像の出展は英語版のWikipedia「磔刑」からです。米国のメトロポリタン美術館に飾られているようです。見上げているのは母マリアだそうです。

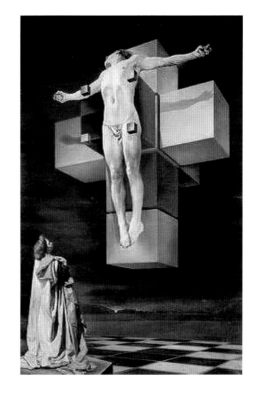

---

[1]Salvador Dalí 1904-1989

6.2　空間のベクトル

6.2.1　座標空間   (資料 P162 参照)

座標空間を定義した後，空間図形の見取り図を書かせる授業です。一度授業をしてみてください。載せなかったけど笑える誤答が山ほど出てくると思います。

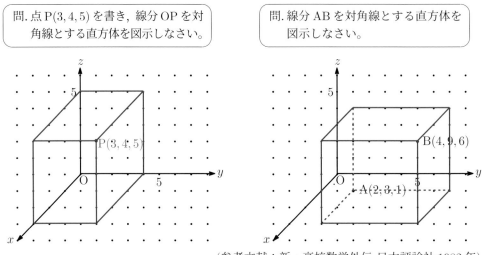

> 問. 点 P(3, 4, 5) を書き，線分 OP を対角線とする直方体を図示しなさい。

> 問. 線分 AB を対角線とする直方体を図示しなさい。

(参考文献：新・高校数学外伝 日本評論社 1982 年)

6.2.1.1　元気話. 外分と複素数

> 問. 2 点 A(0, 0)，B(6, 0) において AP : PB = 2 : 1 を満たす点 P の軌跡を求めなさい。　　　　　　　　　　　　　　　　　　　　　　　　(大学入試問題改題)

大学入試の基本的な計算問題です。復習がてら解いてみましょう。
点 P の座標を (x, y) とすると，
AP : PB = 2 : 1 より AP = 2PB

$$\text{ここで}\quad AP = \sqrt{(x-0)^2 + (y-0)^2}$$
$$PB = \sqrt{(x-6)^2 + (y-0)^2} \text{ より}$$
$$\sqrt{x^2 + y^2} = 2\sqrt{(x-6)^2 + y^2}$$
$$\text{よって}\quad x^2 + y^2 = 4\{(x-6)^2 + y^2\}$$
$$3x^2 - 48x + 144 + 3y^2 = 0$$
$$x^2 - 16x + 48 + y^2 = 0$$
$$(x-8)^2 + y^2 = 16$$

これは中心 $(8, 0)$，半径 4 の円を表しています。
　この円はギリシャの数学者アポロニウス[2]の名前をとって「アポロニウスの円」とよばれています。
　「6 を 2 : 1 にわける数はいくつだろう？」って発問すれば外分と複素数まで話ができます。

---

[2]Apollonius of Perga BC262年頃-BC190年頃

6.2.2　空間図形問題

大学入試問題から

> 問. 座標空間に 4 点 A(2, 1, 0), B(1, 0, 1), C(0, 1, 2), D(1, 2, 2) がある。このとき 3 点 A, B, C を通る平面に関して点 D と対称な点を E とするとき，点 E の座標を求めなさい。　　　　　　　　　　　　　　　　　　　　(2006 年京都大学文系数学改題)

上の問題を一般用に改めました。

> 問. 立方体を 5 つ使って右の図のような形を作りました。このとき 3 つの頂点 A, B, C を通る平面について，点 D と対称な点 E を図に書き入れなさい。
>
>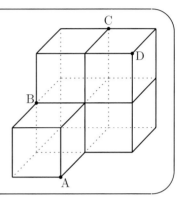

解答は…

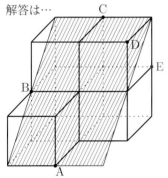

これだけで終わってもいいのですが，まぁ何かの縁ということで復習がてら解いてみましょう。もっと簡単に解けるのかもしれませんが，まぁ答えまでたどり着いたんで…良しとしてください。

最後に余談…N 教諭大丈夫？ 苦労してたけど…な〜んて，実は自分も間違えたんだ。だから悔しくてこんな頁を作った。この次作るテストに問題として出題して，今度は生徒を苦しませてやるんだ！ いい性格でしょ？

3 点 A, B, C を通る平面の方程式を $ax+by+cy+d=0$ とすると，

A(2, 1, 0) より　$2a+b\quad\quad+d=0$
B(1, 0, 1) より　$a\quad\quad+c+d=0$
C(0, 1, 2) より　$\quad\quad b+2c+d=0$

これより
$$a=c=-\frac{1}{2}d,\ b=0$$
よって求めている平面の方程式は
$$-\frac{1}{2}dx-\frac{1}{2}dz+d=0$$
これより　　　　　　　　　$x+z=2$
法線ベクトルは　　　　$\overrightarrow{n}=(1,0,1)$
点 D(1, 2, 2) を通り平面 ABC に垂直に交わる直線の方程式は　$\dfrac{x-1}{1}=\dfrac{z-2}{1}$ より $x=z-1,y=2$
この直線と平面 ABC の交点 M の座標は $\left(\dfrac{1}{2},2,\dfrac{3}{2}\right)$

よって　$\overrightarrow{OE}=\overrightarrow{OM}+\overrightarrow{ME}$
$$=\overrightarrow{OM}+\overrightarrow{DM}$$
$$=\overrightarrow{OM}+\overrightarrow{OM}-\overrightarrow{OD}$$
$$=2\overrightarrow{OM}-\overrightarrow{OD}$$
$$=2\left(\frac{1}{2},2,\frac{3}{2}\right)-(1,2,2)$$
$$=(0,2,1)$$

6.3　複素数平面

　ここでは数学 II で扱った高次方程式の解が複素数平面上でどう表されるかを中心に考えていく。数学 C の指導のとき数学 II の復習として扱えると感じている。

6.3.1　複素数平面と方程式の解

　まずある複素数 z が $|z| = 1$ を満たすとき，言い換えれば複素数 z が原点 O を中心とする単位円周上にあるとき，その複素数 z の平方根は z の偏角 θ を $\frac{1}{2}$ した数に等しい。ただし偏角が正負の 2 つを取ることができるので，求める平方根の値は 2 つある。図を見ると方程式と解の関係が一目瞭然である。x の次数だけ偏角を倍すれば $+1$ あるいは -1 にたどり着く，例えば $x^3 - 1 = 0$ の解の偏角は $\theta = 0, \frac{2}{3}\pi, \frac{4}{3}\pi \to 0 \times 3 = 0, \frac{2}{3}\pi \times 3 = 2\pi, \frac{4}{3}\pi \times 3 = 4\pi$ という具合である。

(1) $x^3 - 1 = 0$　　(2) $x^3 + 1 = 0$　　(3) $x^4 - 1 = 0$　　(4) $x^4 + 1 = 0$

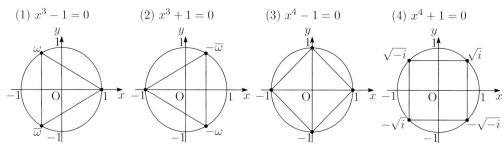

(5) $x^3 \pm 1 = 0$, $x^3 \pm i = 0$　　　　(6) $x^4 - 1 = 0$, $x^4 - \omega = 0$, $x^4 - \overline{\omega} = 0$

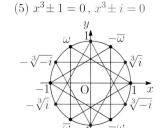
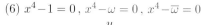
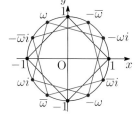

　(5) と (6) は方程式と解の形を表すために書いた。3 次方程式の 3 つの解の関係は複素数平面上で表すと三角形になること，4 次方程式の 4 つの解の関係は複素数平面上で表すと四角形になることを伝えれば方程式への理解が深まると感じたからである。

　念のため書いておくが，教科書で扱っているド・モアブルの定理 $(\cos\theta + i\sin\theta)^n = \cos n\theta + i\sin n\theta$ は n が整数と定義されていて，実数の場合に言及していない。これは例えば $n = \frac{1}{2}$ とすると複数の値が求まるためである。

　$|z| = 1$ を満たす複素数 z において平方数を求めるということはその偏角を倍にすることと同値であるし，平方根を求めるということは異なる 2 つの数が求まるが，どちらも偏角を $\frac{1}{2}$ にすることに他ならない。

　余談で上の図において $\sqrt{\omega} = -\overline{\omega}$ である。また $x^{12} - 1 = 0$ または $x^6 + 1 = 0$ を解くと ωi (ω を $\frac{\pi}{2}$ だけ回転した数) という数が出現したのには驚いた。数の世界は奥が深い。

6.3.1.1 $x^5 - 1 = 0$ と正五角形

少し発展させよう，一般の5次以上の方程式は解の公式をもたないため，因数分解できるか
が方程式を解くための基準になる。

$$x^5 - 1 = 0$$
$$(x-1)(x^4 + x^3 + x^2 + x + 1) = 0$$
$$\varphi = \tfrac{1+\sqrt{5}}{2} \text{ より } (x-1)(x^2 + \varphi x + 1)(x^2 + (1-\varphi)x + 1) = 0 \cdots\cdots ①$$
$$x = 1, \ \frac{-\varphi \pm \sqrt{\varphi^2 - 4}}{2}, \ \frac{-(1-\varphi) \pm \sqrt{(1-\varphi)^2 - 4}}{2}$$
$$\varphi^2 = \varphi + 1 \text{ より } \quad x = 1, \ \frac{-\varphi \pm \sqrt{\varphi - 3}}{2}, \ \frac{-1 + \varphi \pm \sqrt{-\varphi - 2}}{2}$$

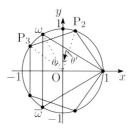

①の式は $x^4 + x^3 + x^2 + x + 1 \rightarrow x^2 + x + 1 + \dfrac{1}{x} + \dfrac{1}{x^2} = \left(x^2 + \dfrac{1}{x^2}\right) + \left(x + \dfrac{1}{x}\right) + 1$ と変形し
$X = x + \dfrac{1}{x}$ とおき，$x^2 + \dfrac{1}{x^2} = X^2 - 2$ より求めることが可能になる。

6.3.1.2 正三角形と正五角形

ここでコーヒーブレイク。今まで考察してきたことを確認したい。
正三角形と正五角形を同じ複素数平面上に書いてみよう。正三角形
の1つの頂点である ω の偏角は $120°$，正五角形の $(1, 0)$ からの左回
りの3つめの頂点 P_3 の偏角は $360° \div 5 \times 2 = 144°$，その差 $24°$ は
$360° \div 24° = 15$ になり，正十五角形の中心角 θ になっている。正十
五角形を書くことはないと思うが，この2点をコンパスでとれば正十
五角形が作図できる。また2つめの頂点 P_2 の偏角は $360° \div 5 = 72°$
より虚数軸との中心角は $18°$ でこれは正二十角形の中心角 θ' になっ
ている。

6.3.1.3 偏角を用いた因数分解

ここで3次方程式 $x^3 - 1 = 0$ をオイラーの公式 $e^{i\theta} = \cos\theta + i\sin\theta$ を用いて因数分解してみ
よう。

$$x^3 - 1 = 0$$
$$\left(x - e^{i \cdot 2\pi \frac{0}{3}}\right)\left(x - e^{i \cdot 2\pi \frac{1}{3}}\right)\left(x - e^{i \cdot 2\pi \frac{2}{3}}\right) = 0$$
$$\left(x - 1\right)\left(x - e^{\frac{2\pi}{3}i}\right)\left(x - e^{\frac{4\pi}{3}i}\right) = 0 \cdots\cdots ②$$
$$\left(x - 1\right)\left(x - \left(\cos\frac{2\pi}{3} + i\sin\frac{2\pi}{3}\right)\right)\left(x - \left(\cos\frac{4\pi}{3} + i\sin\frac{4\pi}{3}\right)\right) = 0$$
$$\left(x - 1\right)\left(x - \frac{-1+\sqrt{3}i}{2}\right)\left(x - \frac{-1-\sqrt{3}i}{2}\right) = 0$$
$$(x-1)(x-\omega)(x-\overline{\omega}) = 0$$

②は解ごとに独立させたが，単位円周上の実数軸に関して対称な2つの解は $x^2 - 2\cos\theta \cdot x + 1 = 0$
で表される。また①とこのことを組み合わせると $\varphi = -2\cos\left(\dfrac{4\pi}{5}\right) = -2\cos\left(\pi - \dfrac{\pi}{5}\right) = 2\cos\left(\dfrac{\pi}{5}\right)$
が成り立つ。正六角形，正七角形ともう少し書き進めたいが，この続きは高校数学外伝 VIII「ど
うして正七角形は作図できないの？」[3] をお読みください。

---
[3] 本文 P142

6.3.2　ω を単位元とする世界

　ω を単位元とする世界を知っていますか？ 万華鏡の世界といった方が伝わりやすいかもしれません。数学的にいうと $60°$ の世界です。ではご紹介しましょう。

6.3.2.1　ω とは？

　本題に入る前に ω について復習しましょう。ω とは $x^3 - 1 = 0$ を満たす 2 つある複素数解の 1 つのことです。

$$x^3 - 1 = 0$$
$$(x - 1)(x^2 + x + 1) = 0$$
$$x - 1 = 0,\ x = \frac{-1 \pm \sqrt{1^2 - 4 \cdot 1 \cdot 1}}{2}$$
$$x = 1,\ x = \frac{-1 \pm \sqrt{3}\,i}{2}$$
$$x = 1,\ \omega = \frac{-1 + \sqrt{3}\,i}{2},\ \overline{\omega} = \frac{-1 - \sqrt{3}\,i}{2}$$

　$\overline{\omega}$ は $\overline{\omega} = \omega^2 = -\omega - 1$ という性質があります。3 つの解を複素数平面上で表すと正三角形になり，原点は正三角形の心 (内心，外心，垂心，重心) です。

6.3.2.2　ω を単位元とする複素数平面

　ようやく本題である，複素数平面上は ω，実数軸上は 1 を単位元とする世界はどうなっているのだろう？

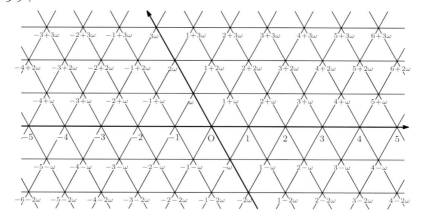

　上のように ω を単位元とする複素数平面は正三角形を敷き詰めた $60°$ の世界です。通常の座標平面は正方形のマス目で敷き詰められるが，この複素数平面は正六角形の蜂の巣の模様で敷き詰められる。

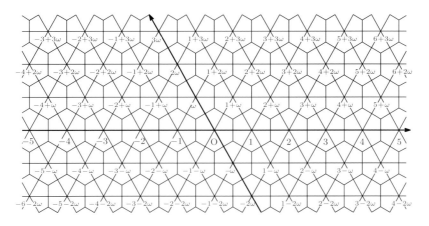

蜂は ω を知っているのだろうか。これを使うと蜂の一個一個の部屋へ異なる名前をつけることが可能になり，その部屋がどこにあるのかも部屋の名前ですぐわかる。

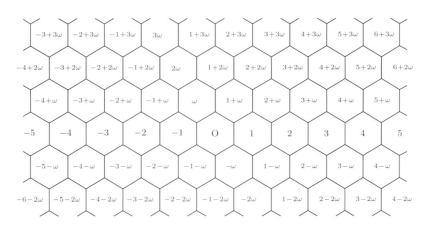

この世界でも通常の複素数平面と同様に格子状の点，それぞれの世界において整数とみることができる数の加減と乗法は閉じています。

$$a, b, c, d \text{ を整数としたとき}$$
$$(a + b\omega) + (c + d\omega) = (a + c) + (b + d)\omega$$
$$(a + b\omega) - (c + d\omega) = (a - c) + (b - d)\omega$$
$$(a + b\omega)(c + d\omega) = ac + (ad + bc)\omega + bd\omega^2$$
$$\omega^2 = -\omega - 1 \text{ より}$$
$$= (ac - bd) + (ad + bc - bd)\omega$$

では ω を単位元とする複素数平面と虚数 i を単位元とする通常の複素数平面とでは何が違うのでしょう？ 以下では通常の複素数平面をガウス平面といいます。実数の範囲では因数分解できない素数がガウス平面では可能です。といっても $4n + 1$ 型の素数です。時計上に並べたペーター・プリヒタの素数円[4]では2と1時と5時の方向の素数です。この素数は具体的にあげると $2, 5, 13, 17, 29, 37, 41, 53, 61, 73, 89, 97, 101, \cdots\cdots$（整数列大辞典 $A002313$）ですが，実数の範囲では自身以外の素因数をもたない素数がガウス平面では

---
[4]本文 P36 参照

$$5 = (2+i)(2-i) = (1+2i)(1-2i)$$
$$13 = (3+2i)(3-2i) = (2+3i)(2-3i)$$
$$17 = (4+i)(4-i) = (1+4i)(1-4i)$$

と整数係数の 2 つの複素数の積に分解されてしまうのです。(Wikipedia では「二個の平方数の和」の頁に説明があります。)

　では ω を単位元とする複素数平面ではどうなるのでしょう。今度は $3n+1(6n+1)$ 型の素数, ペーター・プリヒタの素数円では 3 と 1 時と 7 時の方向の素数 3, 7, 13, 19, 31, 37, 43, 61, 67, 73, 79, 97, 103, ……(整数列大辞典 $A007645$) が ω を用いて積の形で表すことができるのです。やってみましょう。

$$7 = (3+\omega)(3+\overline{\omega})$$
$$= 9 + 3\omega + 3\overline{\omega} + \omega \cdot \overline{\omega}$$
$$= 9 + 3(\omega + \overline{\omega}) + \omega \cdot \overline{\omega}$$
$$\overline{\omega} = \omega^2, \omega^2 + \omega + 1 = 0, \omega^3 = 1 \text{ より}$$
$$= 9 + 3 \times (-1) + 1$$
$$= 7$$

$$13 = (3-\omega)(3-\overline{\omega})$$
$$= 9 - 3\omega - 2\overline{\omega} + \omega \cdot \overline{\omega}$$
$$= 9 - 3(\omega + \overline{\omega}) + \omega \cdot \overline{\omega}$$
$$\overline{\omega} = \omega^2, \omega^2 + \omega + 1 = 0, \omega^3 = 1 \text{ より}$$
$$= 9 - 3 \times (-1) + 1$$
$$= 13$$

6.3.2.3　万華鏡の世界

　これ以降は ω を単位元とする複素数平面を万華鏡の世界とよぶことにします。数学セミナー[5] ではこの後図形の世界の話題になってしまった。もう少し数の世界での性質について考えてみたい。ガウス平面においては $4n+1$ 型の素数が複素数の積で表され, それ以外の素数 ($4n+3$ 型) は表すことができなかった。どうしてだろうか？ 計算してみよう。

$$N = (a+bi)(a-bi)$$
$$= a^2 - b^2 i^2$$
$$= a^2 + b^2$$

　よってある素数が 2 つの整数の平方和で表すことができればガウス平面では素数ではなくなる。そして素数が 2 つの整数の平方和で表せるのは $4n+1$ 型の素数である。そして 2 つの数の平方和は 2 つの数の大小関係を無視すれば 1 通りしかないことから, ガウス平面では 5 は $5 = 1^2 + 2^2$ から素数ではなくかわりに $2+i, 2-i, 1+2i, 1-2i$ が素数になる。

　では万華鏡の世界ではどうなっているのだろうか。

$$N = (a+b\omega)(a+b\overline{\omega})$$
$$= a^2 + ab(\omega + \overline{\omega}) + b^2 \omega \overline{\omega}$$
$$\overline{\omega} = \omega^2, \omega + \overline{\omega} = -1, \omega^3 = 1 \text{ より}$$
$$= a^2 - ab + b^2$$

　よって $N = a^2 - ab + b^2$ を満たす整数があれば積の形で表されることが分かる。ここで $N = 7$ としたときこの式を満たす a, b の解を座標平面で表してみた。

[5] 1997 年 6 月号 P68「数論への招待」

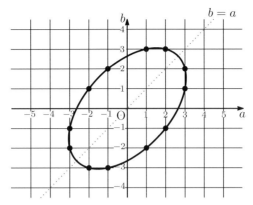

　今求めている a, b ともに整数となる値をやや大きめの●で示した。求める式は対称式であるので a, b の値は直線 $b = a$ を対称軸として線対称になっている。書き並べてみると

$$(\pm1, \pm3), (\pm1, \mp2), (\pm2, \pm3), (\pm2, \mp1), (\pm3, \pm1), (\pm3, \pm2) \quad (複合同順)$$

になる。このことから万華鏡の世界では 3 と $3n+1(6n+1)$ 型の素数が素数でなくなり，新たにこれらの数が素数に加えられる。

　なお $N = 7$ の式において $7 = (3+\omega)(3+\overline{\omega})$ は $\overline{\omega} = -\omega - 1$ に置き換えると $7 = (3+\omega)(2-\omega)$ と変形できることを付け加えておく。また整数列大辞典に $x^2 - xy + y^2$ で表せない数があった。具体的には $6n-1$ 型の素数を含めると $2, 5, 6, 8, 10, 11, 14, 15, 17, 18, 20, \cdots\cdots$(整数列大辞典 $A034020$) である。整数列大辞典においては式が $x^2 + xy + y^2$ になっている。これは定義の式を $N = (a-\omega)(b-\overline{\omega})$ とした場合である。異なっているようだが式の特徴から対称性があるためどちらを基準にしても同じことである。例えば上の $a^2 - ab + b^2 = 7$ と $a^2 + ab + b^2 = 7$ の解の違いは b 軸を対称軸としたグラフの関係になる。

6.3.2.4 複素数平面上の素数分布

　最後にガウス平面での素数表示に面白い幾何学的な特徴があることを知っていたので，この万華鏡の世界での素数分布も調べてみた。

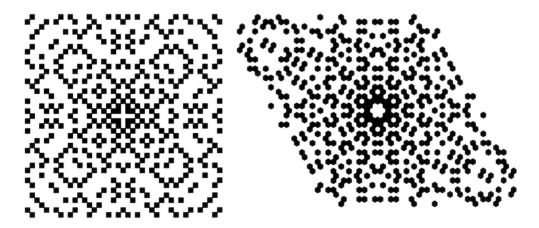

ガウス平面の素数分布　　　　　　　万華鏡の世界の素数分布

　表示の仕方はプログラムで実数の範囲での素数を $N = a^2 + b^2$ と $N = a^2 - ab + b^2$ の形になるそれぞれの世界での素数を求め，■表示で塗りつぶした複素数平面である。ただし万華鏡の世界は正六角形で塗りつぶした。どちらも中央が 0 で，その横軸が実数軸である。実数軸の範囲はどちらも −20〜20 で作成した。数が作る幾何学模様の美しさを生徒たちにも紹介してあげて欲しい。特に万華鏡の世界の素数分布は首を右に傾けて見ると，UFO みたいな奇妙な形に見えたり，単独の点を目と鼻と考えると中央の帽子をかぶった人の姿なんかを発見できると楽しくなる。ガウス平面上での素数は「ガウス素数」，万華鏡の世界での素数は「アイゼンシュタイン素数」という。両方の世界において厳密な素数の定義は授業には必要ないと思い書かなかったが概要は充分に伝えたつもりである。最後に万華鏡の世界として紹介されていた数学セミナー[6]の漫画が面白かったので載せますね。ただ 2 つの世界で両方ともわかれる 13 の子と両方ともわかれない 11 の子を付け加えたいなぁ〜。

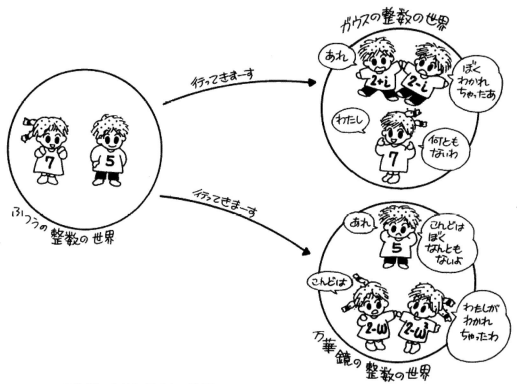

6.3.2.5　元気話．生徒に見せたい動画

　数学を指導していくと学年が上がるにつれて生徒に動きのある数学をみせることが困難になってくる。以下は数学 III 指導時に紹介した動画及びアニメーションである。
・太陽系の惑星運動 (円から螺旋)　https://www.youtube.com/watch?v=0jHsq36_NTU
・恒星間天体オウムアムア (双曲線) https://ja.wikipedia.org/wiki/オウムアムア_(恒星間
　　　　　　　　　　　　　　天体)#/media/ファイル:Comet_20171025-16_gif.gif
・ボリソフ彗星 (双曲線)
https://ja.wikipedia.org/wiki/ボリソフ彗星_(2I/Borisov)#/media/ファイル:
A_comparison_of_two_interstellar_objects_passing_through_our_solar_system.gif

[6]1997 年 6 月号 P68「数論への招待」

6.4　式と曲線

6.4.1　双曲線 (本文 P133 参照)

　高等学校の数 III の 2 次曲線において双曲線の定義は $\dfrac{x^2}{a^2} - \dfrac{y^2}{b^2} = 1\,(a > 0,\, b > 0)$ になっている。これはこれでいいのだが「これって反比例 $y = \dfrac{a}{x}$ が含まれていないじゃん！」と感じた。教科書にもそれらしき記述はどこにもない。この式から反比例の双曲線は定義できるの？ って感じたのである。

6.4.1.1　直角双曲線

　$a = b$ のときにその双曲線の漸近線は直交するとあった。じゃとにかく 1 次変換で漸近線が座標軸になるように回して考えてみよう。ということでやった計算が以下である。

$$\begin{pmatrix} x' \\ y' \end{pmatrix} = \begin{pmatrix} \cos 45° & -\sin 45° \\ \sin 45° & \cos 45° \end{pmatrix} \begin{pmatrix} x \\ y \end{pmatrix}$$
$$= \frac{1}{\sqrt{2}} \begin{pmatrix} 1 & -1 \\ 1 & 1 \end{pmatrix} \begin{pmatrix} x \\ y \end{pmatrix}$$

これより

$$\begin{pmatrix} x \\ y \end{pmatrix} = \frac{1}{\sqrt{2}} \begin{pmatrix} x' + y' \\ -x' + y' \end{pmatrix}$$

今の高等学校ではグラフを回転させるには複素数平面で考えるしかないので以下の計算も載せておく。

$$z = x + yi$$

$45°$ の回転は $\sqrt{i}$ 倍なので

$$z \times \sqrt{i} = (x + yi) \times \frac{1 + i}{\sqrt{2}}$$
$$= \frac{(x - y) + (x + y)i}{\sqrt{2}}$$
$$x' = \frac{1}{\sqrt{2}}(x - y),\ y' = \frac{1}{\sqrt{2}}(x + y)$$
$$x = \frac{1}{\sqrt{2}}(x' + y'),\ y = \frac{1}{\sqrt{2}}(-x' + y')$$

これを $\dfrac{x^2}{a^2} - \dfrac{y^2}{a^2} = 1$ に代入すると

$$\left\{ \frac{1}{\sqrt{2}}(x' + y') \right\}^2 - \left\{ \frac{1}{\sqrt{2}}(-x' + y') \right\}^2 = a^2$$
$$4x'y' = 2a^2$$
$$y' = \frac{a^2}{2x'}$$
$$y' = \frac{A}{x'}$$

　無事反比例の式が出現した。$A = 1$ とすると $\dfrac{a^2}{2} = 1$ より $a = \pm\sqrt{2}$ となって $y = \dfrac{1}{x}$ のときの焦点 F は $\mathrm{F}(\pm\sqrt{2},\, \pm\sqrt{2})$(複号同順) となる。

　反比例のもう一つの式 $xy = a$ から漸近線 (座標軸) までの距離の積が等しい点の軌跡でも定義できることを知りました。こっちの式からの式変形はやや難しいけれども，こっちの定義の方が生徒にはわかりやすいんじゃないの？ と感じました。

　気になる。x 軸と θ の角度で交わる $y = \tan\theta \cdot x$ と $y = -\tan\theta \cdot x$ を漸近線として点 $\mathrm{P}(x_1, y_1)$ から 2 つの直線への距離の積が一定の a となる双曲線の式を求めてみた。

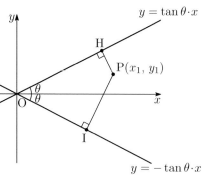

点 P(x_1, y_1) とすると，この点を通り直線 $y = \tan\theta \cdot x$ に垂直に交わる直線の方程式は

$$y = -\frac{1}{\tan\theta}(x - x_1) + y_1$$

になる。これと直線 $y = \tan\theta \cdot x$ との交点 H の座標は

H$(\cos^2\theta \cdot x_1 + \sin\theta\cos\theta \cdot y_1,\ \sin\theta\cos\theta \cdot x_1 + \sin^2\theta \cdot y_1)$

これと直線 $y = -\tan\theta$ との交点 I の座標は

I$(\cos^2\theta \cdot x_1 - \sin\theta\cos\theta \cdot y_1,\ -\sin\theta\cos\theta \cdot x_1 + \sin^2\theta \cdot y_1)$

点と直線の距離の公式を使えば簡単に求まることはわかっているが，ピタゴラスの定理で長さを求めてみる。

$$
\begin{aligned}
\mathrm{PH}^2 &= (\cos^2\theta \cdot x_1 + \sin\theta\cos\theta \cdot y_1 - x_1)^2 + (\sin\theta\cos\theta \cdot x_1 + \sin^2\theta \cdot y_1 - y_1)^2 \\
&= \{(\cos^2\theta - 1)x_1 + \sin\theta\cos\theta \cdot y_1\}^2 + \{\sin\theta\cos\theta \cdot x_1 + (\sin^2\theta - 1) \cdot y_1\}^2 \\
&= (-\sin^2\theta \cdot x_1 + \sin\theta\cos\theta \cdot y_1)^2 + (\sin\theta\cos\theta \cdot x_1 - \cos^2\theta \cdot y_1)^2 \\
&= \sin^2\theta(-\sin\theta \cdot x_1 + \cos\theta \cdot y_1)^2 + \cos^2\theta(\sin\theta \cdot x_1 - \cos\theta \cdot y_1)^2 \\
&= (\sin\theta \cdot x_1 - \cos\theta \cdot y_1)^2(\sin^2\theta + \cos^2\theta) \\
&= (\sin\theta \cdot x_1 - \cos\theta \cdot y_1)^2 \\
\mathrm{PH} &= |\sin\theta \cdot x_1 - \cos\theta \cdot y_1|
\end{aligned}
$$

この式から，垂線の長さ PH は三角形の相似を使って求めることができることがわかる。

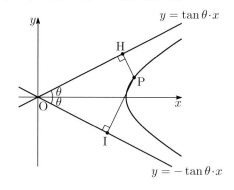

PI は $-\theta$ より

$$\mathrm{PI} = |-\sin\theta \cdot x_1 - \cos\theta \cdot y_1| = |\sin\theta \cdot x_1 + \cos\theta \cdot y_1|$$

PH$\cdot$PI $= a$ より　$\sin^2\theta \cdot x_1^2 - \cos^2\theta \cdot y_1^2 = \pm a$

$x_1 = x,\ y_1 = y$ より　$\sin^2\theta \cdot x^2 - \cos^2\theta \cdot y^2 = \pm a$

これより標準形は　$\dfrac{x^2}{\dfrac{a}{\sin^2\theta}} - \dfrac{y^2}{\dfrac{a}{\cos^2\theta}} = \pm 1$

6.4.1.2　双曲線の秘密

双曲線を漸近線まわりに回転させてできる立体図形の不思議さを知っていますか？（右図参照，ラッパみたいな形です。）

簡単な例で示そう。反比例 $y = \dfrac{1}{x}$ において x の変域を 1 から ∞ としてできたグラフを x 軸で回して立体を作ると，その回転体の体積は求めることができるのに，元の図形（斜線部分）の面積は求めることができない。検証してみよう。まず体積はどうなるだろうか。

$$V = \int_1^\infty \pi y^2 dx = \pi\int_1^\infty \frac{1}{x^2}dx = \pi\left[-\frac{1}{x}\right]_1^\infty = \pi\left(-\frac{1}{\infty} + 1\right) = \pi$$

次に斜線部分の面積を求めてみよう。

$$S = \int_1^\infty \frac{1}{x}dx = \Big[\log x\Big]_1^\infty = \log\infty \quad \log 1 = \infty \quad 0 = \infty$$

回転体の体積は求めることができるのに，その形を作っている図形の面積は求めることができない。不思議ですよね？

6.5 数学的な表現の工夫

6.5.1 軟体動物は変身がお得意

「位相同型」という言葉をご存じですか？ ある物を連続的に変化させたとき同じになる形のことです。ここでいう連続的とは連結しているものを切ったり，離れているものをつなげたりしてはいけないということです。数学者オイラーがケーニヒスブルクの7つの橋の問題[7](同じ橋を通らずにすべての橋を通り元の場所に戻ってくることができるか)を解くために使った図はその橋を表すことに使った位相同型の図です。

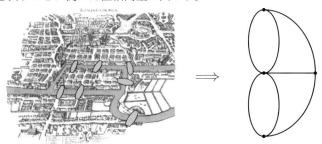

オイラーは橋を線で，土地を点で表すことで，その関係を崩すことなく問題を簡潔に一筆書きすることができるかの問題として表しました。この2つの関係を位相同型といいます。では具体例で理解を深めていきましょう。数字の0から9までの数を同じ位相で分類してみましょう。

$$1, 2, 3, 5, 7 \quad 0, 4, 6, 9 \quad 8$$

最初の5つ 1, 2, 3, 5, 7 は1本の線(点とみなしてもいい)，2つ目 0, 4, 6, 9 は閉じた1つの部分をもち，3つ目 8 は2つの閉じた部分をもっています。

アルファベット大文字26文字を分類してみましょう。

$$C, E, F, G, H, I, J, K, L, M, N, S, T, U, V, W, X, Y, Z \quad A, D, O, P, Q, R \quad B$$

小文字はどうなるのでしょう。

$$c, f, h, k, l, m, n, r, s, t, u, v, w, x, y, z \quad a, b, d, e, g, o, p, q \quad i, j$$

ここでは3つめの i, j は2つの部分からなる字です。漢字の1から9はどうなるのでしょう。

$$一, 七, 九 \quad 二, 八 \quad 三, 六 \quad 五 \quad 四$$

ここでは標準的な字体を用いました。アルファベットは Q や ℓ 等，異なる字体があります。

さぁここまでくれば「位相同型」の意味はわかりましたね。ようやくメインの問題です。下の2つの形(空間図形)A, B は位相同型でしょうか？

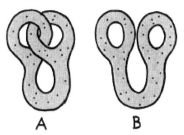

正解は位相同型です。「ええ〜！」と思った方は次頁の資料を見てください。

(参考文献:「秋山 仁の算数ぎらい大集合」1994年7月 日本放送出版協会)

---

[7]画像は Wikipedia の「一筆書き」から引用

6.5.1.1　軟体動物は変身がお得意資料

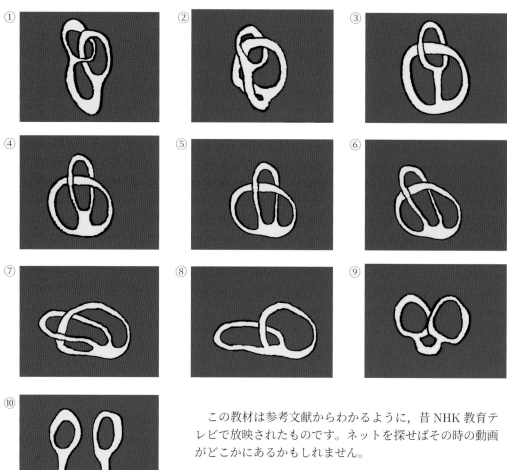

この教材は参考文献からわかるように，昔 NHK 教育テレビで放映されたものです。ネットを探せばその時の動画がどこかにあるかもしれません。

6.5.1.2　元気話. 積分公式

美しい式は人の知性をくすぐります。「数学のたのしみ創刊号」[8]でみつけました。左側から $\frac{1}{2}, \frac{1}{3}, \frac{1}{4}, \frac{1}{5}$ です。

$$\int_0^1 x^{k-1}dx = \frac{1}{k}\ (k > 0)$$

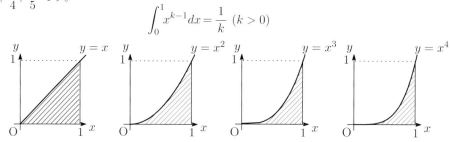

---

[8]1997 年 6 月 P26「円とゼータ」

第7章　元気話

7.1　3面コースター　〜表，裏がない面〜　(資料 P163 参照)

　授業案はありません。というのは本時の大部分が工作の時間になるからです。最初はメビウスの帯を紹介するといいと思います。裏表がないこと，裏表がないことを確認した中央の線で切断しても2つに離れない等です。そして教師の模範作品を提示してから始めるといいでしょう。興味をもたせたら，本時の授業は成功です。後は部品の紙と設計図を分けて取り組ませましょう。時間が余ったら，3面コースターの各面に色を塗ったり，模様を描くといいと思います。6面コースターにも挑戦できるゆとりがあるともっといいですね。ベストは保育実習と組み合わせて，実習前にこのコースターを作って，実習時に園児にプレゼントするのがいいと思っています。

　資料写真では赤色の面が緑色の面に変わる時の写真である。この後，緑色の面が黄色の面に変わり，そして黄色が赤色と変わっていく。Web上ではこの様子の動画がアップされている。つまみ返しというのであるが，最初はうまく指が動かないかもしれないが慣れればこのコースターの不思議さがより実感できる。設計図はグループで1枚で十分です。一人1枚分けるよりも少しくらい不便な環境の方が生徒どうしの関わり合いが生まれ活動が活発になります。

7.1.1　3面コースター設計図

部品を切り取ったらまず位置を確認するために下の図のような番号を書きます。

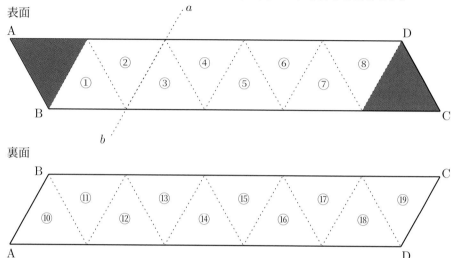

番号をつけ終えたら，表面を手前にして作り始めます。折り始める前に線分には山折り，谷折り両方の方向に一度折っておくといいでしょう。直線 ab を基準に山折りします。この図が左下図になります。

次に直線 cd でやはり山折りします。(右下図) そして黒く塗ってある面通しを貼り合わせて完成になります。

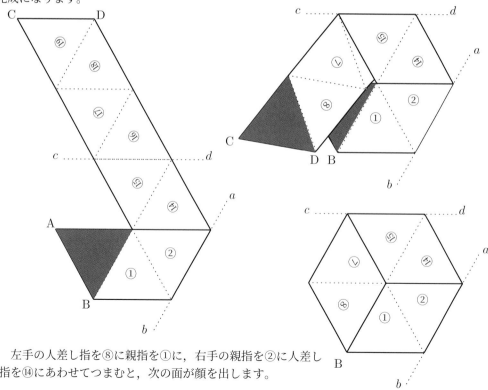

左手の人差し指を⑧に親指を①に，右手の親指を②に人差し指を⑭にあわせてつまむと，次の面が顔を出します。

7.1.1.1　6面コースター

　次は6面コースターの作り方を紹介しましょう。最初は3面コースターと同じように下の図のように番号をつけます。

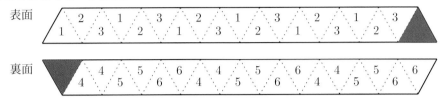

　番号をつけ終えたら組み立てます。表の面を基準に下の図のように折り曲げてください。すべて山折りです。

　この後は3面コースターの作り方と同じです。黒いところ同士をのり付けしてください。できあがると同じ面に同じ数字が6つ出現します。後は3面コースターの時と同じように折り曲げると，異なる数字の同じ数字の組が出現します。以下は参考文献からのアドバイスです。

　　現在，表面に出ている6枚の数字はみな「2」で，裏面の数字は「1」とする。ここで3面コースターでの"つまみ返し"という操作をうまく行うと，表面に出る6枚の三角形の数字がすべて「1」だけの面の六角形，「4」，「5」，「6」だけの面の六角形へと順次変化させることができる。チャレンジしてみよう。

　　「4」，「5」，「6」面の六角形はなかなかでてこないが，隣接する三角形のとなりの2つの三角形をつまみ，"つまみ返し"で折り曲げていくと，必ず，「1」，「2」，「3」のどれかの面から「4」，「5」，「6」だけのどれかの面に移動する。

　今の生徒は「メビウスの帯」を知っているのかなぁ〜。以下は知らない生徒のための導入段階における基礎知識です。幅のある紙を用意して演じてください。出典はWikipediaです。

メビウスの帯の切断

　　実際にメビウスの帯をつくってはさみで平行に切断すると以下のような性質をもっていることがわかる。直感に反したこれらの現象は子供向けの手品として演じられることもあり，マーティン・ガードナーは，メビウスの帯がパーティー用の出し物として紹介されている最初の文献は1881年にパリで発行されたガストン・ティサンディエルによる科学遊びについての本だとしている。

・180°ひねってつくったメビウスの帯をセンターラインで切断すると，輪は2つに分かれずに大きな1つの輪になる。この輪は720°ひねられた状態で表裏が分かれており，つまりメビウスの帯ではない。

・帯の幅 $\frac{1}{3}$ のところを切ってゆくと，輪を2周したところでちょうど切り終わる。こうすると元の帯の2倍の長さ，$\frac{1}{3}$ の幅の720°ひねられた輪と元の帯と同じ長さ，$\frac{1}{3}$ の幅のメビウスの帯が1つずつでき，それらが絡まっている。

　昔，かなりはやった時期があって，私は知っていました。裏表のないメビウスの帯を延々とスライドさせていくこのコースターが数学への興味・関心の第1歩になればなぁ〜。

(参考文献：「NHKワンダー数学ランド」1998年8月 日本放送出版協会)

7.1.1.2　元気話. メビウスリング

　静岡県焼津市のディスカバリーパークにあ
る「メビウスリング」と呼ばれている遊技施設
を紹介しましょう。近くに来たときには，見に
来てください。一見の価値はあります。グー
グルアースでは見ることができません。

7.2　図形消滅マジック   (資料 P164 参照)

　T「先日，ボクはある友人にカードを出して，切ってください
　　といったところ，何を勘違いしたのか，はさみでカードを
　　切りきざんでしまったので。見てください。」

　T「さて，君にやってもらいたいのは，これをジグゾー・パズ
　　ルのように組み立てて，元どおりにしてもらうことだ。」

　T「ようし完成だ。拍手を…。せっかく並べてくれたけど，一
　　度元に戻してみてください。そして表にしてください。」

　T「こんども同じように，元どおりにしてください。」

　T「ようしできた。でも，これ (正方形の小片) どうしよう？」
　　　　　(参考文献：数学セミナー 1987 年 11 月号 P26)

7.3 数学パズル

7.3.1 消えたレプリコーン 〜アイルランドの民話より〜

アイルランドの民話に出てくるレプリコーンという妖精の話をご存じだろうか。下の図1において妖精は 15 人いる。この上の部分を入れかえたものが図2である。レプリコーンの数を数えると 14 人しかいない。1 人はどこにいったのだろうか？[1]

図1 移動前

図2 移動後

7.3.2 悪魔のうちわ (DEVIL'S FAN)   (資料 P165 参照)

もう一つありました。「悪魔のうちわ」です。左には悪魔は 13 匹, 内側を 30° 回すと 12 匹です。

数学セミナー[2]の文が面白かったので載せますね。

> 3 年前ボクは, 松屋銀座のパズル大博覧会で大型のこのパズルを展示した。すると
> ヘンなオジサンが, ある悪魔を指さして,「この悪魔が消えるのだ」と言い張っていた。
> そこで, 説明員が,「それをシッカリ押さえていてください」と言いながら回転させる
> と,「アレ? 消えないぞ!」と首をかしげた。ついには 13 匹全部を 1 匹ずつ指で押さ
> えては回し, どれも消えないことを確認して頭を抱えこみ, やがて顔から血の気が引い
> た。すぐそばに監修者としてボクがいた。でも, いくらそのオジサンが悩もうと, ボ
> クはニヤニヤ笑うだけで答えを教えてあげなかった。するとそのオジサンは, 突然ボ
> クを指さして「アンタが消えた悪魔だ!」と言い出した。

---

[1]画像引用先：新高校数学 I 実教出版, 関連記事：数学セミナー 1992 年 10 月号 P24「数理玩具・図・形で遊ぼう」
[2]1991 年 7 月号 P6

7.4　フォードの円　～$\dfrac{1}{2}+\dfrac{1}{3}=\dfrac{2}{5}$～

　小学校の先生が見たらびっくりするようなタイトルがすべてを物語っていますが，先生方信じられますか？　$\dfrac{1}{2}+\dfrac{1}{3} \to \dfrac{1+1}{2+3}=\dfrac{2}{5}$ になる数学を…。下の図をご覧ください。0 から 1 の数直線上 (x 軸とします。) に 2 つの円 A と円 A′ が接しています。その 2 つの円に円 B が接していて，そして円 C が円 D が接しているという図です。何か気がつきましたか？　それぞれの円の中心の x 座標はどうなっているのでしょう？　少し考えてみてください。

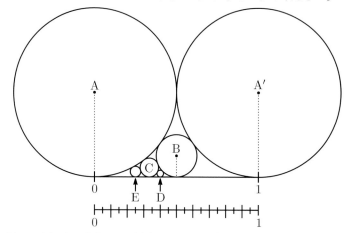

　接している円 A と円 A′ の中心の x 座標から円 B の中心の x 座標は求められますね。円 B の中心は $\dfrac{1}{2}$ の位置にあります。この座標が円 A の中心の x 座標 0 と円 A′ の中心の x 座標 1 から簡単に求めることができるんです。その方法は…

$$\frac{0}{1}+\frac{1}{1} \to \frac{0+1}{1+1}=\frac{1}{2}$$

で求めることができるんです！

　えっ？　そんなの偶然じゃないかって？　じゃ，円 C の中心の x 座標を求めてみましょう。円 C は円 A と円 B に接していることから…

$$\frac{0}{1}+\frac{1}{2} \to \frac{0+1}{1+2}=\frac{1}{3}$$

となるんです。そして円 D の中心の x 座標は円 C と円 B に接していることから……

$$\frac{1}{3}+\frac{1}{2} \to \frac{1+1}{3+2}=\frac{2}{5}$$

円 E の中心の x 座標は…

$$\frac{0}{1}+\frac{1}{3} \to \frac{0+1}{1+3}=\frac{1}{4}$$

となります。不思議ですよね。こんな数学もあるんですよ。だから分数の計算が少しぐらい間違ったからといって生徒を怒らないでくださいね。この計算を繰り返して新しい分数が誕生していくことを 2005 年 2 月号の数学セミナーに「分数の世界」として紹介されています。このことを勉強していく中で，3 円が共通接線上にあってかつ 3 円が接しているとき，2 円に接している円の半径 R は $\dfrac{1}{\sqrt{R}}=\dfrac{1}{\sqrt{r_1}}+\dfrac{1}{\sqrt{r_2}}$ と知りました。この証明は 2011 年 10 月号の数学セミナーを参照してください。(高校 2 年生程度かなぁ～。)

7.5　レオンハルト・オイラー　～史上初めて素数を数式上に表した人物～

18世紀の数学者レオンハルト・オイラー[3]が残した功績は数多くあります。有名な $e^{i\pi} = -1$ もオイラーです。ここでは人類史上初めて素数を数式上に表した人物ということに着目したいと思います。

オイラーは素因数分解の一意性から自然数の和が素数の累乗和で表せることに気づきました。

$$\sum_{k=1}^{\infty} k = (1 + 2 + 2^2 + 2^3 + \cdots) \cdot (1 + 3 + 3^2 + 3^3 + \cdots) \cdot (1 + 5 + 5^2 + 5^3 + \cdots) \cdots$$

$$= \sum_{k=0}^{\infty} 2^k \cdot \sum_{k=0}^{\infty} 3^k \cdot \sum_{k=0}^{\infty} 5^k \cdot \sum_{k=0}^{\infty} 7^k \cdot \cdots \cdot \sum_{k=0}^{\infty} p^k \cdots$$

$$= \prod_{p:prime} \left(\sum_{k=0}^{\infty} p^k \right)$$

最初の1行目が大切なので，この式がなぜ自然数の和になるのか解説します。最初の式は ( )( ) の積ですので分配法則を使ってはずします。そのとき

$$1 = 1 \cdot 1 \cdot 1 \cdot 1 \cdot 1 \cdots$$
$$2 = 2 \cdot 1 \cdot 1 \cdot 1 \cdot 1 \cdots$$
$$3 = 1 \cdot 3 \cdot 1 \cdot 1 \cdot 1 \cdots$$
$$4 = 2^2 \cdot 1 \cdot 1 \cdot 1 \cdot 1 \cdots$$
$$5 = 1 \cdot 1 \cdot 5 \cdot 1 \cdot 1 \cdots$$
$$6 = 2 \cdot 3 \cdot 1 \cdot 1 \cdot 1 \cdots$$
$$7 = 1 \cdot 1 \cdot 1 \cdot 7 \cdot 1 \cdots$$
$$\cdots = \cdots \cdots \cdots \cdots$$

となり，自然数が順番に出現します。これが同じ素因数分解形の数はないという素因数分解の一意性です。素数が数を作っているという数における素数の重要さ，または **自然数の和が素数の累乗和を用いた積に等しい** ことが理解できればいいと思います。

さてここで等比数列を復習しましょう。初項 a，公比 r の一般項 a_n は $a_n = ar^{n-1}$ で表され，その和 S_n は $S_n = \dfrac{a(1-r^n)}{1-r}$ でした。等比数列の和 S_n は $n \to \infty$ のとき $|r| < 1$ ならば収束しますが $|r| \geqq 1$ のときは発散してしまいます。よって当然ながら上記の素数の累乗和の積で表される自然数の和は ∞ に発散します。発散するのなら逆数の和を求めればいいじゃないかということで，現在では調和級数とよばれている自然数の逆数の和を考えました。

$$1 + \frac{1}{2} + \frac{1}{3} + \frac{1}{4} + \frac{1}{5} + \cdots = \sum_{k=1}^{\infty} \frac{1}{k}$$

この式の分母には前述の自然数の和と同様に1から順に数が出現します。この式に素数の累乗和をあてはめると

$$\sum_{k=1}^{\infty} \frac{1}{k} = \left(1 + \frac{1}{2} + \frac{1}{2^2} + \frac{1}{2^3} + \cdots \right) \cdot \left(1 + \frac{1}{3} + \frac{1}{3^2} + \frac{1}{3^3} + \cdots \right) \cdot \left(1 + \frac{1}{5} + \frac{1}{5^2} + \frac{1}{5^3} + \cdots \right) \cdots$$

$$= \lim_{n \to \infty} \frac{1 \cdot \left(1 - \left(\frac{1}{2} \right)^n \right)}{1 - \frac{1}{2}} \cdot \lim_{n \to \infty} \frac{1 \cdot \left(1 - \left(\frac{1}{3} \right)^n \right)}{1 - \frac{1}{3}} \cdot \lim_{n \to \infty} \frac{1 \cdot \left(1 - \left(\frac{1}{5} \right)^n \right)}{1 - \frac{1}{5}} \cdots$$

$$= 2 \cdot \frac{3}{2} \cdot \frac{5}{4} \cdot \frac{7}{6} \cdot \cdots \cdot \frac{p}{p-1} \cdot \cdots$$

---

[3]Leonhard Euler　1707-1783，画像は Wikipedia「レオンハルト・オイラー」から引用

　$n \to \infty$ において ( ) の中の数列は収束するのですが，それらの積で表されたこの調和級数は ∞ に発散します。しかし大切なことは，調和級数の和が発散するという結果ではなく，自然数の逆数の和が素数を用いた数式で表せるということが重要なのです。

$$\sum_{k=1}^{\infty}\frac{1}{k} = \frac{1}{1-\frac{1}{2}}\cdot\frac{1}{1-\frac{1}{3}}\cdot\frac{1}{1-\frac{1}{5}}\cdot\frac{1}{1-\frac{1}{7}}\cdot\cdots\cdot\frac{1}{1-\frac{1}{p}}\cdot\cdots$$

$$= \frac{1}{1-2^{-1}}\cdot\frac{1}{1-3^{-1}}\cdot\frac{1}{1-5^{-1}}\cdot\frac{1}{1-7^{-1}}\cdot\cdots\cdot\frac{1}{1-p^{-1}}\cdot\cdots$$

$$= \prod_{p:prime}^{\infty}\frac{1}{1-p^{-1}} = \prod_{p:prime}^{\infty}\frac{p}{p-1}$$

　この式がのちにリーマン[4]によって名付けられるゼータ関数の原型です。

$$\zeta(1)=\sum_{n=1}^{\infty}\frac{1}{n} = \prod_{p:prime}^{\infty}\frac{1}{1-p^{-1}}$$

ゼータ関数とはこの式の中に出現する 1 を複素数 s に置き換えたものです。

$$\zeta(s)=\sum_{n=1}^{\infty}\frac{1}{n^s} = \prod_{p:prime}^{\infty}\frac{1}{1-p^{-s}}$$

　オイラーは当時の問題の一つ，「平方数の逆数の和はどうなるか。」という問題 ($\zeta(2)$：バーゼル問題) を解きました。

$$\sum_{n=1}^{\infty}\frac{1}{n^2} = \lim_{n\to\infty}\left(\frac{1}{1^2}+\frac{1}{2^2}+\frac{1}{3^2}+\frac{1}{4^2}+\cdots+\frac{1}{n^2}\right)$$

　この式に対しても素因数分解の一意性から気がついた式をあてはめ

$$\sum_{n=1}^{\infty}\frac{1}{n^2} = \left(1+\frac{1}{2^2}+\frac{1}{2^4}+\frac{1}{2^6}+\cdots\right)\cdot\left(1+\frac{1}{3^2}+\frac{1}{3^4}+\frac{1}{3^6}+\cdots\right)\cdot\left(1+\frac{1}{5^2}+\frac{1}{5^4}+\frac{1}{5^6}+\cdots\right)\cdot\cdots$$

$$= \frac{1}{1-2^{-2}}\cdot\frac{1}{1-3^{-2}}\cdot\frac{1}{1-5^{-2}}\cdot\frac{1}{1-7^{-2}}\cdot\cdots\cdot\frac{1}{1-p^{-2}}\cdot\cdots \quad\cdots\cdots①$$

$$= \prod_{p:prime}^{\infty}\frac{1}{1-p^{-2}}$$

そしてこの式が $\frac{\pi^2}{6}$ に収束することを証明したのです。(証明は略)

　①の式は

$$\sum_{n=1}^{\infty}\frac{1}{n^2} = \frac{2^2}{2^2-1}\cdot\frac{3^2}{3^2-1}\cdot\frac{5^2}{5^2-1}\cdot\frac{7^2}{7^2-1}\cdot\cdots\cdot\frac{p^2}{p^2-1}\cdot\cdots = \frac{\pi^2}{6}$$

で表されます。見事に素数が数式の中で必要不可欠の存在として表現されています。素数は小学校で存在を知って，中学校で素因数分解を学びますが，数の世界において重要なことが理解できると思います。以上，オイラーの思考を自分が解析していった架空の物語でした。物語は架空だけれども数式の中身は本当ですよ。

　　　　　　　　　　　　(参考文献：数学のたのしみ 創刊号 ζ の世界 1997 年日本評論社)

---

[4]Bernhard Riemann 1826-1866

7.6 数と現代史

授業で使える数の話をまとめてみました。神さまがやっていることなので，神さまから指示された大切な数を新約聖書から紹介しましょう。まずは吉数から

> 「シモン・ペトロが舟に乗り込んで網を陸に引き上げると，百五十三匹もの大きな魚でいっぱいであった。それほど多くとれたのに，網は破れていなかった。」(新共同訳：ヨハネによる福音書 21 章 11 節)

十字架上で亡くなったイエスが復活して弟子のところに現れたときの話です。153 は三角数といい自然数を順に加えてできる数で 1 から 17 までの和です。また 153 は数の並びを変えずに $153 = 1^3 + 5^3 + 3^3$ と表せる特別な三角数です。

次は凶数です。これはかなり有名なのでご存知の方も多いと思います。

> 「ここに知恵が必要である。賢い人は，獣の数字にどのような意味があるかを考えるがよい。数字は人間を指している。そして，数字は六百六十六である。」　　　　(新共同訳：ヨハネの黙示録 13 章 18 節)

666 も三角数で 1 から 36 までの和です。"獣の数字は人間を指している"とありますが，神さまは 666 がいかに悪い数なのかを現代史の中に示してくれました。吉数が 153, 凶数が 666 を頭において現代史を振り返ってみましょう。

7.6.1 人類初の原爆投下と終戦に共通する 815

最初は第二次世界大戦末期における米国によって行われた日本への 2 回の原爆投下です。最初に日本人なら誰もがわかる数式があります。

$$6 + 9 = 15 \ \rightarrow \ (ヒロシマ) + (ナガサキ) = (終戦)$$

条約上の終戦日は異なりますが 8 月 15 日 (水) の天皇の玉音放送によって国民が敗戦を知りました。このことから 8 月 15 日は「終戦記念日」になっています。ヒロシマとナガサキの原爆投下があったから終戦になったんだと数式が語りかけています。悲しい出来事だけれども戦争を終わらせるには必要な出来事だったということです。

年 (西暦)	場所	現地爆発日時	世界標準時
1945 年	ヒロシマ	8 月 6 日(月) 午前 8 時 15 分	8 月 5 日 午後 11 時 15 分
	ナガサキ	8 月 9 日(木) 午前 11 時 2 分	8 月 9 日 午前 2 時 2 分

日本での時刻は世界標準時より 9 時間進んでいます。また原爆関連の事で広島と長崎を表すときには通例カタカナを使用します。

ここで MMDD と HHMM を定義します。MMDD の M は Month(月), D は Day(日), HHMM の H は Hour(時), M は Minutes(分)で，暦の月日，時刻の時分ともに 3 桁または 4 桁で表します。1 月 1 日は 101, 1 時 1 分は 101 と表します。よってヒロシマの原爆爆発時刻の HHMM と終戦記念日の MMDD は同じ 815 です。

ここで人類初の原爆投下 (ヒロシマ) は 6 月基準の MMDD から凶数 666 で表せます。

$$630 + 31(7 月) + 5(8 月) = 666$$

6 月から MMDD をカウントアップしていくと 7 月が 31 日そして 5 日を加えると 666 です。世界標準時におけるヒロシマは 8 月 5 日です。

（おまけ）

　　ここで 2 つの MMDD を加えると 806 + 809 = 1615 です。なにか気づきませんか？　真ん中で区切ると 2 つの連続整数 16 と 15 が降順に並んでいます。この数字からもう 1 つの災害の年 2019 年を示しているのではと気づきました。2019 も中央で区切ると 2 つの連続整数 20 と 19 が降順に並んでいます。2019 年は新型コロナ COVID-19 の発症年です。

7.6.2　大災害に共通する 546

発生年	名称	現地日時	世界標準時
1995年	阪神・淡路大震災	1月17日(火) 午前5時46分	1月16日 午後8時46分
2011年	東日本大震災	3月11日(金) 午後2時46分	3月11日 午前5時46分

　この 2 大災害を比べてみるとすぐにわかることは現地時間，世界標準時という違いこそあれ時刻が全く同じという事実です。そして先の 2 つの原爆投下の現地時間 HHMM を加えると 815(ヒロシマ)+1102(ナガサキ)= 1917 → 1917 − 1800 = 117(−1800 は現地時間と世界標準時との差 9 時間を 2 個分減じたもの) となり阪神・淡路大震災の MMDD が出現することです。

　ここで 5 時 46 分を表す 546 について考えてみましょう。

$$546 = 6 \times 91$$
$$= 6 \times (9^2 + 9 + 1)$$
$$= 666_{(9)}$$

　最後の (9) 表示は 9 進法を表しています。546 は 9 進法で表すと凶数 666 です。

7.6.3　546 を予告した「机『9』文字事件」

　「机『9』文字事件」をご存知ですか？　簡単に概略を紹介しましょう。時期は「阪神・淡路大震災」の 7 年前の昭和 63 年です。

> 1988 年 2 月 21 日 (日) 午前 1 時から 4 時にかけて世田谷区立砧南中学校でおきた事件です。深夜に同校卒業生を中心とした数人組が忍び込み，教室にあった生徒用の机 447 個と椅子 9 個をグラウンドに持ち出し，机で 9，椅子でピリオドを形造り，結果机と椅子あわせて 456 個で **9.** の形を造った事件です。

　左は当時この事件を報道した毎日新聞[5]の記事です。この事件は犯行日が日曜の早朝だったため机は一晩グラウンドに放置され，翌日の 22 日 (月) に登校した生徒が自分の机を見つけて教室に運び授業には全く影響はなかったということです。

　この 456 個の部品を用いて造った机文字が壊された 2 月 22 日は年初頭から数えて 53 日目です。1 月を基準とした MMDD は 131 + 22 = 153 です。前述の 546 は昇順に並び替えると 456 になります。そして「阪神・淡路大震災」の MMDD の各位の和は 1 + 1 + 7 = 9 になり，「東日

本大震災」の西暦年 YYYY と MMDD の各位の和は $2+0+1+1+3+1+1=9$ です。さらに付け加えると 2 月 22 日の MMDD222 の約数の和は 456 です。

7.6.4 123 の事件

日本における 2 大災害に共通する数 546 は 456 と連続整数に並び替えできることができました。じゃその前にあったであろう 123 の事件はなんだろうと思いました。ありました。

発生年	名称	現地日時	世界標準時
1985年	日本航空 JAL123 便墜落事故	8月12日(月)	
1986年	チェルノブイリ原子力発電所事故	4月26日(土) 午前1時23分	4月25日 午後10時23分

日本で起きた 123 はそのままの表現で「日本航空 JAL123 便墜落事故」となっていました。この事件についての詳細は本が出版されていますのでそちらをご覧ください。チェルノブイリ原子力発電所事故は HHMM が 123 です。3 時間進んでいる現地時間から世界標準時を考えると 1023 で並び替えると 0123 となりやはり始まりを表しています。発生日の 4 月 26 日の MMDD は 426 になり，$426 = 213 \times 2$ となり MMDD からも 123 が出現します。この 426 は並び替えると 246 になり「東日本大震災」の HHMM と等しくなります。またちょうどこの日，日本では「阪神・淡路大震災」で被害を受けた明石海峡大橋の起工式が行われました。また 5 月基準の MMDD で考えると 4 月 30 日 → 500，29 日 → 499，……，26 日 → 496 になります。数学の世界で 496 は 6, 28 に続く 3 番目の自身の約数の和が自身の 2 倍になるという完全数[6]という 3 桁では唯一の数です。神さまが関与していることを数が示しています。

- 1995 年 3 月 20 日 (月) に起こった「地下鉄サリン事件」は通勤時間帯の地下鉄を狙ったものでした。8 月基準の MMDD から減じていくと 666 は 3 月 19 日になりました。「地下鉄サリン事件」の世界標準時は 3 月 19 日です。
$$801 - 31(7月) - 30(6月) - 31(5月) - 30(4月) - 13(3月) = 666$$

- 2001 年 9 月 11 日 (火) に起こった「米国同時多発テロ」は「東日本大震災」と MMDD はちょうど半年違いです。3 月基準の MMDD で日本時間の 9 月 12 日が完全数 496 で表されました。
$$331 + 30(4月) + 31(5月) + 30(6月) + 31(7月) + 31(8月) + 12(9月) = 496$$

- 第二次世界大戦は 1941 年 12 月 8 日 (月) の「ニイタカヤマノボレ一二〇八」の命令電文から行われ「真珠湾攻撃」として知られています。この 12 月 8 日は 9 月基準の MMDD を調べると $930 + 31(10月) + 30(11月) + 8(12月) = 999$ でした。数こそ違いはあれ獣の数 666 を連想しました。

7.6.5 さいごに

いかがでしたでしょうか，「偶然だよ。」と簡単に片づけることができますか？ その判断は読者にお任せしますが，私は神さまが仕事をした結果であると思っています。153 に関する事をもう少し書きたかった悔いはあります。一番最初に紹介した $6+9=15$ は小学生でもわかる数式です。日本人なら誰もが知っている数式に格上げしてほしいなぁと感じています。最後にナガサキの平和公園に行ったとき公園内に書かれていた言葉と資料を紹介して終わりにします。

「私たちは 11 時 2 分を忘れない。」

数	1月基準	2月基準	3月基準	4月基準	5月基準	6月基準	7月基準	8月基準	9月基準	10月基準	11月基準	12月基準
153	2月22日	12月15日										
496	*[1]1月31日	*[1]11月23日	9月12日	7月 5日	4月26日	*[2]2月16日	*[4]12月 8日	*[4]9月30日	*[4]7月23日	*[4]5月14日	*[4]3月 6日	
666	*[5]7月20日	*[5]5月12日	*[1]3月 1日	12月22日	10月13日	8月 5日	5月27日	3月19日	*[2]1月 9日	*[4]10月31日	*[4]8月23日	*[4]6月14日

(*[1] は閏年の場合前日，*[2] は閏年の場合翌日，*[3] は前年が閏年の場合前日，*[4] は翌年が閏年の場合翌日，*[5] は前年または一作年が閏年の場合前日)

---

[6]本文 P41 参照

7.7　コラッツ予想　〜問題解けたら懸賞金〜

2021 年 10 月 26 日 (火) の朝日新聞に数学の記事が載りました。

はまると病む問題　**宇宙人が仕向けた罠**

「コラッツ予想」証明できたら 1 億 2000 万円

　　一見単純そうなのに 80 年以上も数学者を悩ませている未解決問題「コラッツ予想」の証明に，日本のベンチャー企業が 1 億 2000 万円の懸賞金をかけた。問題は小学生でもわかるほど単純だが，数学者の間では「はまると病む難問」「宇宙人が仕掛けた罠」などと恐れられている。

　コラッツ予想は，1, 2, 3,……と無限に続く整数の問題だ。1937 年，ドイツの数学者ローター・コラッツ (1910〜90) が予想したのは，次のような内容だった。

　　「どんな正の整数も，偶数なら 2 で割り，奇数なら 3 倍して 1 を足す。この
　　操作を繰り返せば，必ず最後は 1 になるだろう」

　3 を例にとると，3 は奇数なので，3 倍して 1 を足すと 10。10 は偶数なので 2 で割ると 5。操作を続けると 3 → 10 → 5 → 16 → 8 → 4 → 2 → 1 となり，7 回の操作を経て，1 になる。

　2〜3 桁の数なら自力でも確かめられる。2011 年度の大学入試センター試験の「数学 IIB」でも出題され，この時は，6 と 11 は，何回の操作で 1 になるか，などが問われた。

　数々の数学者が挑んだものの，予想が正しいのか分かっていない。コンピューターを使って 21 桁までの整数で予想が成り立つことが知られている程度だ。

　米カリフォルニア大ロサンゼルス校のテレンス・タオ教授 (46) は 2019 年，「ほぼすべての数が，最終的に 1 に非常に近づく」と証明に肉薄した。

　タオさんはメールでの取材にこう答えた。「登山に例えれば，私は山の大部分にロープを張り，登りやすくした。だが，頂上に達するには，まだ通れない非常に危険な場所が 1 カ所ある。解決へ前進はしたが，100％の証明には遠く及ばない」。研究チームの数人が今も解決に取り組んでいるという。

　そんな超難問に 7 月に懸賞金をかけたのが，音楽系のウェブサービスを提供する「音圧爆上げくん」(東京都渋谷区) という企業だ。社長の福勢晋さん (31) は「数学の発展に貢献したかった」と話す。

　コラッツ予想に出会ったのは中学生の時。東京大工学部に進み，大学院を経て IT 大手に就職したが，その間も時間を作っては挑戦を続けた。「毎回いいところまでいく」という。3 年前に起業し，投資などで資金に余裕が出てきたため懸賞金をかけることにした。

　懸賞金は解決への追い風になるのだろうか。

　日本数学会の元理事長で，学習院大名誉教授の飯高茂さん (79) は「コラッツ予想は取り付かれる人も多く，人類にこの問題ばかり考えさせて地球の数学を退化させようと仕向けた宇宙人の陰謀と言われたことさえある」。取り付かれた一人がタオさんだ。「心を奪われ，解けないのに全ての時間を注いでしまう『病む問題』だ」

　福勢さんも，懸賞金をかけたことで，すぐに証明されるとは思っていない。「懸賞をきっかけに，簡単そうなのに解けない難問の不思議な魅力に触れて，数学を面白いと感じてくれたら」。懸賞は数十年は続けていく考えだ。

7.7.1　賞金がかけられた難問

米クレイ数学研究所が 2000 年に発表した 7 つの「ミレニアム問題」にもそれぞれ 100 万ﾄﾞﾙの賞金がかかる。

ミレニアム問題 (7 問)

・ヤン・ミルズ方程式と質量ギャップ
・リーマン予想
・バーチ・スウィンナートン＝ダイア－予想
・P 対 NP 問題
・ナビエ・ストークス方程式
・ホッジ予想
(・ポアンカレ予想：解決済み)

1742 年，ドイツの数学者が提案した「ゴールドバッハ予想」は，「4 以上のすべての偶数は，二つの素数の和で表される」というものだ。100 万ﾄﾞﾙの賞金がかけられたが，今も証明への手がかりはない。

7.7.2　雑感

以上が新聞記事の内容です。できる限り記事の文章を変えずに編集してみました。自分は数学の道を選んだ人間ですが，教師という職業を選んだときから，数学の未来を任せることができる人間づくりに主眼をおいて生きてきました。金儲けに執着する企業や個人が多い中，この福勢さんみたいに自分がお世話になった数学に少しでも貢献したいという姿勢は大切ですね。目の前に座っている生徒に紹介してみるのはどうでしょう。生徒は無限の可能性をもっています。教師という仕事は生徒の可能性を引き出し，伸ばし，自分を超えていく人を育てる仕事です。最初はお金儲けという多少不純な動機でもいいじゃないですか，数学でも金儲けができるって。(ˆ.ˆ)

2023 年 5 月 14 日の静岡新聞日曜版にも「数からの挑戦状」というタイトルの記事で「コラッツ予想」が取り上げられていました。以下は新聞記事からの抜粋した文章です。

> 間違っていることを証明するのは，単純です。計算しても 1 にたどり着かない数をみつければいいのです。もし発見できたら，世界中に名前が知れ渡るでしょう。
> まずは自分の年齢で試してみるのがオススメです。ただし 27 歳の人はご注意を。27 は途中 9232 まで爆発し，全部で 100 回以上の計算を経て 1 になります。

調べたら注意する年齢はまだあり，31 歳, 41 歳, 47 歳が注意で，54 歳, 55 歳は回数の最大値を更新し 112 回でした。他には 62 歳, 63 歳が大変かな。70 歳以上の方もここでは書きませんが注意する年齢があります。コラッツ予想の各整数に対する 1 になるまでの回数は整数列大辞典 A006577 を，各整数に対する最大値は A025586 を参照してください。

7.8　球面における円周率

球面での円周率は平面図形とは異なることを知っていますか？

$$(円周率) = \frac{(円周)}{(直径)}$$

円周率は直径に対する円周の長さの割合です。雑誌 Newton[7]に，球面における円周率は不定でその値は π より小さい値で $0 < (円周率) < \pi$ とありました。

地球を球面として具体例で考察していきましょう。

球面上での直線はすべて球の中心を通る大円で表します。このことに注意してください。赤道の長さ (円周) は地球の半径を r とすると $2\pi r$ です。この円の球面上の中心は北極点 O_1，球面上の半径 は図において太線で示しましたが $\overset{\frown}{O_1P}$(大円の一部) の $\dfrac{\pi r}{2}$ で，直径は $\overset{\frown}{PO_1Q}$ の πr です。したがってこの場合の円周率を計算すると

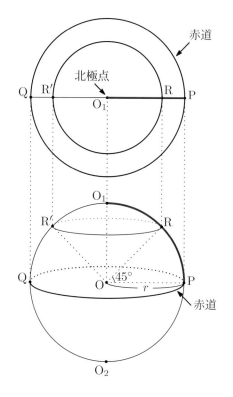

$$(円周率) = \frac{2\pi r}{\pi r} = 2$$

よって円周率は 2 になります。

これで終わってもいいのですが，球面における円周率が不定ということを別の点の円周率を求めることで示してみましょう。

> 問. 右図において点 R を通る円の円周率を求めなさい。

$\angle ROR' = 90°$ より

$$(円周率) = \frac{2\pi r \cos 45°}{2\pi r \times \dfrac{90°}{360°}} = 2\sqrt{2}$$

> 問. 右図において O_2(南極点) を中心とし，点 R を通る円の円周率を求めなさい。

$$(円周率) = \frac{2\pi r \cos 45°}{2\pi r \times \dfrac{270°}{360°}} = \frac{2\sqrt{2}}{3}$$

このことより球面においては同じ円に対して異なる 2 つの円周率が存在します。

ここまでやったんだから球面での円周率は一般的にはどうなっているか求めてみましょう。$45°$ を $\theta \left(0 \leqq \theta < \dfrac{\pi}{2}\right)$ として一般式を求めると

$$(円周率) = \frac{2\pi r \cos\theta}{2\pi r \times \dfrac{\pi \mp 2\theta}{2\pi}} = \frac{2\pi \cos\theta}{\pi \mp 2\theta}$$

$\mp$ の $-$ は O_1 を中心としたときで，$+$ は O_2 を中心としたときです。点 R が O_1 に近づくと円周率の値は増加し π の値に近づき，そのとき O_2 を中心とした円周率は減少し 0 に近づいていきます。最後の式は $\theta \to \dfrac{\pi}{2}$ のとき π に収束するんだけど，新たな問題として成立するかなぁ～。

---

[7]別冊 数学の世界 図形編 2018 年発行

7.8.1 備忘録

　年齢を重ねると忘れることが多くなって，ちょっと前までは解くことができた問題に苦戦することが増えてきたから，この頃はできるだけ詳しくまとめています。今回も次に見たとき「どうしてかなぁ～。」って感じると思うのでまとめておきます。

> 問. 次の式が成り立つことを示しなさい。
> $$\lim_{\theta \to \frac{\pi}{2}} \frac{2\pi \cos\theta}{\pi - 2\theta} = \pi$$

$$(\text{左辺}) = \lim_{\theta \to \frac{\pi}{2}} \frac{2\pi \cos\theta}{\pi - 2\theta}$$

$x = \pi - 2\theta$ とおくと $\theta \to \dfrac{\pi}{2}$ は $x \to 0$，また $\theta = \dfrac{\pi - x}{2}$ より

$$= \lim_{x \to 0} \frac{2\pi \cos\left(\dfrac{\pi - x}{2}\right)}{x}$$

$\cos\left(\theta + \dfrac{\pi}{2}\right) = -\sin\theta$ より

$$= \lim_{x \to 0} \frac{2\pi\left(-\sin\left(-\dfrac{x}{2}\right)\right)}{x}$$

$\sin(-\theta) = -\sin\theta$ より

$$= \lim_{x \to 0} \frac{2\pi \sin\left(\dfrac{x}{2}\right)}{x}$$

$$= \pi \cdot \lim_{x \to 0} \frac{\sin\left(\dfrac{x}{2}\right)}{\dfrac{x}{2}}$$

$\lim_{x \to 0} \dfrac{\sin x}{x} = 1$ より

$$= \pi$$

O_2 を中心とした円周率は $\displaystyle\lim_{\theta \to \frac{\pi}{2}} \frac{2\pi \cos\theta}{\pi + 2\theta} = \frac{2\pi \cos\left(\dfrac{\pi}{2}\right)}{\pi + 2\left(\dfrac{\pi}{2}\right)} = \frac{2\pi \cdot 0}{2\pi} = 0$ になります。

7.8.2 数の話．～無限和～　　　　　　　　　(1つ前は本文 P96，次は本文 P138)

整数列大辞典
A000225

発散する無限和はときとして混乱します。

$s = 1 + 2 + 4 + 8 + \cdots$
$\quad = 1 + 2(1 + 2 + 4 + \cdots)$
$\quad = 1 + 2s$
$s = -1$
$1 + 2 + 4 + 8 + \cdots = -1$

「発散する数列が収束すると仮定するならばの話ですが…間違っているところは…。これを授業で話したら混乱するだろうなぁ～。」(Oz)
$\left(\dfrac{1}{3} \text{ 参照}\right)$

$\dfrac{1}{3}$

整数列大辞典
A122803

発散する無限和の数列です。(−1 参照)

$s = 1 - 2 + 4 - 8 + \cdots$
$\quad = 1 - 2(1 - 2 + 4 - \cdots)$
$\quad = 1 - 2s$
$s = \dfrac{1}{3}$
$1 - 2 + 4 - 8 + \cdots = \dfrac{1}{3}$
$\displaystyle\sum_{k=0}^{\infty} (-2)^k = \frac{1}{1 - (-2)} = \frac{1}{3}$

「定義外の無限等比級数の和の公式に一致するところが…数学って不思議ですね。」(Oz)

$\dfrac{1}{3}$

下の図は「悪魔の階段」と呼ばれています。

「階段の横の長さが底辺の長さと等しいことから"悪魔"と呼ばれています。」(Oz)

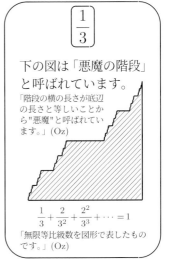

$$\frac{1}{3} + \frac{2}{3^2} + \frac{2^2}{3^3} + \cdots = 1$$

「無限等比級数を図形で表したものです。」(Oz)

第8章 高校数学外伝

今ではなくなってしまった数学セミナーの「高校数学外伝」を作ってみました。コーヒーブレイク時にお読みください。ちなみに場面設定は静岡県立 O 高等学校 の数 III を担当している教師 T と科目選択している女子生徒 S_1 と男子生徒 S_2 と S_3 の場面です。

8.1 高校数学外伝 I「体積微分は表面積」 (本文 P90 参照)

T「今日は，中学の時に習った球の体積を積分で求めてみようと思ってる。」

S$_2$「球の体積は，え〜と『身の上心配あるさ』だったっけ？ $V = \dfrac{4}{3}\pi r^3$ のこと？」

T「そうだよ，半径を r として，前の時間に習った回転体の体積 $V = \pi \displaystyle\int_a^b y^2 dx$ で求めてみようよ。半径 r の円の方程式は？」

S$_1$「バカにしないでよ，先生。$x^2 + y^2 = r^2$ でしょ。」

T「ゴメン，ゴメン。その通り，やってごらん。」

$$V = \pi \int_{-r}^{r} y^2 dx$$
$$= \pi \cdot 2 \int_{0}^{r} (r^2 - x^2) dx$$
$$= 2\pi \left[r^2 x - \frac{x^3}{3} \right]_0^r$$
$$= \frac{4}{3}\pi r^3$$

S$_2$「へ〜，こんなに簡単に求めることができるんだ。」

T「そうだよ。話は変わるけど，球の体積を r で微分すると表面積の公式になることは知ってるかい？」

S$_2$「そうなの？ 球の表面積は $S = 4\pi r^2$ だったっけ？ なってる！」

T「どんな立体でも V' はその表面積を求める式になるんだよ。円の面積 $S = \pi r^2$ を r で微分すると $2\pi r$ で円周の長さの公式が出現するのも偶然じゃないんだ。」

S$_2$「へぇ〜，そうなんだ。でもさ先生，立方体の体積公式は $V = a^3$ でしょ。$V' = 3a^2$ で，表面積 S は面積 a^2 の正方形 6 枚で $6a^2$，等しくならないじゃん。」

T「どんな立体でもというのは少し大げさかな，その立体を作っている辺の長さを Δa だけ長くしたとき，立体全体が Δa だけ大きくなっていなければいけないんだ。例えば正方形でいうと，対角線の交点を原点にとって考えないとだめなんだ。原点からの長さを a としたとき 1 辺は $2a$ になって，$S = 4a^2$，周の長さは $\ell = 8a$ で $\ell = S'$ になってるだろう。」

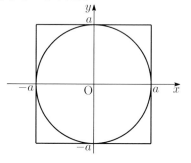

S$_2$「本当だ！」

T「だから立方体の場合には，対角線の交点を基準に辺の長さを考えなければいけないんだ。」

S$_2$「対角線の交点から立方体を考えると，一辺は $2a$ になるな。体積 V は $8a^3$ で，表面積 S は $(2a)^2 \times 6 = 24a^2$ だから，本当だ a で微分すると表面積公式が出る！」

T「その立体に球が内接していると思えばいいんじゃないか，立方体の内部に内接する球だったらすぐに思い浮かぶだろう？　じゃあさ，底面の半径が r で高さが $2r$ の円柱の表面積と体積公式を計算してごらん。球を取り囲むような円柱だよ。」

$$V = \pi r^2 \times 2r$$
$$= 2\pi r^3$$
$$\frac{dV}{dr} = 6\pi r^2$$

$$S = \pi r^2 \times 2 + 2r \times 2\pi r$$
$$= 6\pi r^2$$

S$_2$「できたよ！　この性質すごいじゃん！　先生！」

T「なんか，ようやく微分と積分の関係が分かってきたようだな。じゃ今の応用で半径 r の球に内接する円錐の体積と表面積を求めてごらん。母線と底辺との角度は $60°$ としよう。」

S$_2$「よ〜し，挑戦！　挑戦！」

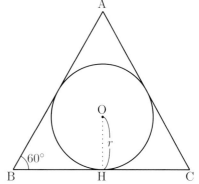

$$\mathrm{BH} = \sqrt{3}\,r, \quad \mathrm{AH} = 3r \; より$$
$$V = \frac{1}{3}\pi(\sqrt{3}\,r)^2 \times 3r$$
$$= 3\pi r^3$$
$$\frac{dV}{dr} = 9\pi r^2$$

$$S = \pi(\sqrt{3}\,r)^2 + \frac{1}{2} \times 2\sqrt{3}\pi r \times 2\sqrt{3}\,r$$
$$= 9\pi r^2$$

T「できたじゃないか〜。実は球が内接する円錐は，今 $60°$ にした角度によって体積が決まるんだ。この角度を θ，内接する球の半径を r とし，円錐の体積の最小値を今日の宿題にするから，これも挑戦してごらん。」

S$_2$「ええ〜っ！　そんなのあり〜。」

S$_1$「もう〜，受験勉強しなくちゃいけないのに〜。$\angle \mathrm{ABH}$ を θ として円錐の体積が最小になる θ？　う〜ん。まてよ $\angle \mathrm{OBH}$ を θ とすると $\angle \mathrm{ABH}$ は 2θ になるな，これでも問題の意味は同じことだ。最後は 2θ の値を考えればいいんだから。あとは $\angle \mathrm{ABH} = 60°$ で使った長さを θ で表せばいいのか…，よ〜しやってやりましょう！」

$0 < \theta < \dfrac{\pi}{4}$ で $\tan\theta = \dfrac{r}{\text{BH}}$ より

$$\text{BH} = \frac{r}{\tan\theta}$$

$\tan 2\theta = \dfrac{\text{AH}}{\text{BH}}$ より

$$\text{AH} = \frac{\tan 2\theta}{\tan\theta}r$$
$$= \frac{2}{1-\tan^2\theta}r$$

$V = \dfrac{1}{3} \times \pi \text{BH}^2 \times \text{AH}$ より

$$V = \frac{1}{3}\cdot\pi\cdot\frac{r^2}{\tan^2\theta}\cdot\frac{2}{1-\tan^2\theta}r$$
$$= \frac{1}{\tan^2\theta(1-\tan^2\theta)}\cdot\frac{2}{3}\pi r^3$$

S$_1$「ようやく体積を求めることができた。え〜っと，後は r を定数とみなして，θ の関数として考えればいいんだ。これを θ で微分するの〜？」

$$V = \frac{1}{\tan^2\theta(1-\tan^2\theta)}\cdot\frac{2}{3}\pi r^3$$

ここで $\tan\theta = t$，$\dfrac{2}{3}\pi r^3 = C$ とすると

$$V = \frac{C}{t^2-t^4}$$

$\dfrac{dt}{d\theta} = \dfrac{1}{\cos^2\theta}$ と $\dfrac{dV}{dt} = -\dfrac{C}{(t^2-t^4)^2}\cdot(2t-4t^3)$ より

$$V' = \frac{dV}{dt}\cdot\frac{dt}{d\theta} = -\frac{C}{(\tan^2\theta-\tan^4\theta)^2}\cdot(2\tan\theta-4\tan^3\theta)\cdot\frac{1}{\cos^2\theta}$$

$$V' = \frac{2(2\tan^2\theta-1)(1+\tan^2\theta)}{\tan^3\theta(1-\tan^2\theta)^2}\cdot\frac{2}{3}\pi r^3$$

S$_1$「ここで $0 < \theta < \dfrac{\pi}{4}$ より $0 < \tan\theta < 1$ から $(2\tan^2\theta-1)$ 以外の項はすべて正だから，$2\tan^2\theta-1 = 0$ だけ考えればいいんだ。$\tan\theta = \dfrac{1}{\sqrt{2}}$ を境に V' の符号が負から正へ変わるのでこのとき V は最小値 $\dfrac{8}{3}\pi r^3$ になる。やった〜できた〜。眠れる〜。」

S$_1$「先生，できました。最小の体積は $\dfrac{8}{3}\pi r^3$ でしょ。」

T「すごいじゃないか〜。角度は求めたかい？」

S$_1$「普通の電卓しかもってないからわかりませんでした。$\angle$OBH を θ として $\tan\theta = \dfrac{1}{\sqrt{2}}$ のときでしょ。」

T「正解！ その値は約 $39°$ なんだ。だから 2θ で約 $78°$ なんだよ。」

S$_1$「先生，宿題をあんまり出すと受験勉強ができません。昨日は一晩かかったんですよ。」

T「ゴメン，ゴメン。ただね，君ならできると思ったから。」

S$_1$「まぁね。」

8.2　高校数学外伝 II「陸上トラックのスタート位置の極限はゴール？」

(本文 P81 参照)

T「体育大会が近づいてきたけど練習してるか？」

S_2「任せといて！　俺リレーのアンカー！」

T「今日は陸上のトラックで極限を考えたいと思う。」

S_2「トラックで？　何の極限？」

T「簡単な図を用意したんだ。外側のコースはど
　うして内側のコースの人より前でスタートす
　るんだ？」

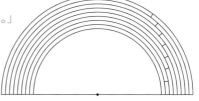

S_2「当たり前じゃん，その分遠くなるからだろ。」

S_1「走る距離が長くなるからその分前でスタートするんでしょ。」

T「その通り，カーブの半径を R m，コース幅 1 m のトラックを半周回るとして長さを求
　めてみようか。」

S_1「もう〜，中学校の問題じゃん！　半周でいいんだから，$\pi(R+1)-\pi R = \pi$，できま
　した。」

T「カーブを作る半径の大きさに関係なく π m
　前でスタートするということだね。π m と
　いうと約 3 m だな，11 コースで約 30 m だ
　な。ちょっと前に出すぎじゃないか？　こ
　のスタート位置はどこまで前に行くの？　ス
　タート位置の極限はどうなってると思う？」

S_2「そりゃ，いつかはゴール越すかもしれない
　けど，そんな大きな陸上トラックどこにあ
　るんですか？」

S_1「ゴールは越さないでしょ。」

T「じゃ，カーブの半径 20 m，コース幅 1 m で θ が 30° のときは何コースか計算してみ
　ようか。」

S_2「n コースは $(n-1)\pi$ m 前でスタートするから…。」

$$\theta = \frac{(n-1)\pi}{\pi\{20+(n-1)\}} \times 180^\circ \text{ だから}$$

$$\frac{n-1}{19+n} \times 180^\circ = 30^\circ$$

$$6(n-1) = 19+n$$

$$n = 5$$

T「走る距離が πR m だから $\theta = 180^\circ - \dfrac{\pi R}{\pi(R+n-1)} \times 180^\circ = \dfrac{n-1}{R+n-1} \times 180^\circ$ でも
　θ は同じ式になるね。5 コースで 30° か，ゴールまで後 150° だ。この調子ならすぐに
　ゴールまでたどり着けるんじゃないか？　30° 刻みで何コースか求めてみよう。」

S_2「60° は 11 コースで，90° は 21 コースです。」

S_3「120° は 41 コースで，150° は 101 コースです。」

T「今までに出てきた情報をまとめてみようか。」

θ	0	30	60	90	120	150
コース	1	5	11	21	41	101

4 コース　7 コース　10 コース　20 コース　60 コース

T「この表を見てみんなどう思う？」

S$_3$「180° をやってみたんだけど，n が消えて求められなくなった。」

S$_2$「変化の様子を調べていくと，最初の 30° は 4 コース分，次の 30° は 7 コース分，その次の 30° は 10 コース分，20 コース分，最後の 30° は 60 コース分か…。」

T「計算だと 180° のときは求められないっていったけど，このスタート位置の極限はどうなっていると思う？」

S$_3$「想像できないなぁ〜，だってずっと π m 前に進むんでしょ。なんで計算できないんだろう？」

S$_1$「最後は距離 πR m の直線になる？」

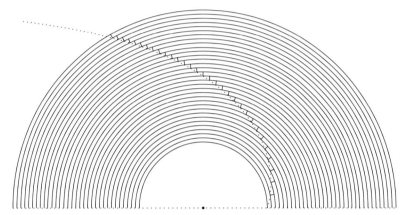

T「そうなんだ，図を用意した。いつまでたっても θ は大きくなっていくけど，どんどん外側のコースのスタートは離れていくばかりでゴールを超えることはないんだよ。この場合の極限はほとんど直線でできたコースを走ることになるんだ。今やった計算だけどさ，せっかく数 III を学習しているんだから角度はラジアンで考えようよ。ラジアンで考えると扇形の弧の長さ ℓ は $\ell = r\theta$ で表せる特徴がある。今考えている θ をコーナーの半径を R，中心からの距離を r として立式できるかい？」

S$_1$「$r(\pi - \theta) = \pi R$ ということですか？」

T「そうだよ。r と θ の極方程式だったね。それを θ について解けばいいんだ。」

S$_2$「$\theta = \dfrac{\pi(r - R)}{r}$ か。」

T「グラフソフトを使って表すときには r について解いて $r = \dfrac{\pi R}{\pi - \theta}$ と変形すればいいんだ。この式の θ の変域は $0 \leqq \theta < \pi$ ということはわかるね。」

S$_3$「そうなんだぁ。」

T「ところで，最初の頃の π m はどんどん前に進んでいくけど，後半は同じ π m なのになぜ少ししか前に進まないのだろう？」

S$_3$「本当だ！ 同じ π m なのに最初の方が長いよ！」

T「これは 1 コースのスタート位置の延長線上から測るからなんだ。外側に行けば行くほどカーブのふくらみが大きくなるから，結果的に少ししか前に進まないんだ。極限の様子が理解できれば式の意味も変域も理解できると思うから，いつでもイメージを感じながら極限を考えていって欲しい。」

8.3　高校数学外伝 III「双曲線」 (本文 P109 参照)

数 III の授業開始前，S_2 は黒板に向かって今日の演習問題を解こうとしている。

S_2「今日の問題教えてくれよ。」

S_1「どの問題があたっているの？」

S_2「$x^2 - y^2 = 1$ の $\dfrac{dy}{dx}$ を求める問題なんだ。」

S_1「簡単じゃん。」

S_2「そう言わないで，前の授業中ウトウトしちゃってさ，記憶にないんだ。」

S_1「しょうがないわね。$2x - 2y\dfrac{dy}{dx} = 0$ を $\dfrac{dy}{dx}$ で解けばいいの。」

S_2「な〜る。ありがと！」

T「今日の演習問題は全員できたじゃないか。」

S_2「先生，俺がやった問題 $x^2 - y^2 = 1$ は双曲線ですよね。」

T「そうだな，$a = b = 1$ の双曲線だから直角双曲線だな。それがどうした？」

S_2「双曲線って中学で学習した反比例ですよね？」

T「その通り。」

S_2「でも中学の反比例は $y = \dfrac{a}{x}$ という式で学習したけど，$x^2 - y^2 = 1$ をどうやったら $y = \dfrac{a}{x}$ の形になるんですか？『2 次曲線』で学習してからずっと疑問に思ってたんですけど。」

S_3「そうそう，俺も思ってた。」

T「漸近線が座標軸とずれていると式の形が変わってしまうんだ。この問題の漸近線は座標軸と 45° の角度だから，そうだな，ちょっとやってみるか。みんな，グラフを回転させる方法を覚えているかい？」

S_2「回転？　そんなの学習したっけ？」

T「『複素数平面』でやった原点を中心とする回転と数 II でやった軌跡を組み合わせるとできるんだよ。知らないということは数 III の実力問題まだやってないな！」

S_2「原点を中心とする回転？」

T「しょうがないなぁ〜。ド・モアブルの定理だよ。複素数 z に $\cos\theta + i\sin\theta$ をかけると θ だけ回転した新しい複素数 z' になるんだった。今は 45° 回転させたいから…。」

$$\cos\frac{\pi}{4} + i\sin\frac{\pi}{4} = \frac{1}{\sqrt{2}} + \frac{1}{\sqrt{2}}\,i = \frac{1+i}{\sqrt{2}}$$

$$z = x + yi, z' = x' + y'i \text{ として}$$

$$x' + y'i = (x + yi)\left(\frac{1+i}{\sqrt{2}}\right) = \frac{(x-y) + (x+y)\,i}{\sqrt{2}}$$

$$x' = \frac{x-y}{\sqrt{2}} \ , \ y' = \frac{x+y}{\sqrt{2}}$$

T「この式を x, y について解いて，元の式 $x^2 - y^2 = 1$ に代入すれば回転後のグラフの方程式を求めることができる。がんばれ〜。」

S_3「あちゃ〜，お前が余計なこと言うから…。」

S_2「まぁ，授業が進まないことを考えればいいじゃないか，計算してみようぜ。お前だって疑問に思ってたじゃないか。」

S$_2$「ええっと，$x = \dfrac{1}{\sqrt{2}}(x' + y'), y = \dfrac{1}{\sqrt{2}}(-x' + y')$ になったからこれを $x^2 - y^2 = 1$ に
　　代入すればいいんだ。」

T「そうだよ。後少し。」

S$_2$「これを $x^2 - y^2 = 1$ に代入すると…。」

$$\left\{\frac{1}{\sqrt{2}}(x' + y')\right\}^2 - \left\{\frac{1}{\sqrt{2}}(-x' + y')\right\}^2 = 1$$
$$4x'y' = 2$$
$$y' = \frac{1}{2x'}$$
$$y' = \frac{A}{x'}$$

S$_2$「おぉ〜。先生 $y = \dfrac{a}{x}$ の形になりました〜。」

T「グラフの回転はちょっと前までは『行列』という便利な技があったんだけど，今では教
　　科書からなくなってしまったんだ。そうそう，中学では比例 $y = ax$ が積の関係でグラ
　　フは直線，反比例 $y = \dfrac{a}{x}$ が商の関係でグラフは双曲線って学習したと思う。だけど，
　　高校では双曲線を"2 定点からの距離の差が一定"という条件で定義したんだけど，実は
　　反比例のときの漸近線，座標軸までの距離の積が等しい点の軌跡という $xy = a$ という
　　定義もできるんだ。じゃ，やりついでに x 軸と θ の角度の $y = \tan\theta\cdot x$ と $y = -\tan\theta\cdot x$
　　を漸近線として点 P(x_1, y_1) からこの 2 つの直線への距離の積が一定の 1 になる式を
　　求めてごらん。点と直線との距離の公式は覚えているよね。」

S$_2$「PH $= \dfrac{|ax_1 + by_1 + c|}{\sqrt{a^2 + b^2}}$ だったっけか？」

T「そうだ！　$y = \tan\theta\cdot x$ ということは $a = \tan\theta, b = -1, c = 0$ のときだぞ。」

S$_2$「PH $= \dfrac{|\tan\theta\cdot x_1 - y_1|}{\sqrt{\tan^2\theta + (-1)^2}} = |\sin\theta\cdot x_1 - \cos\theta\cdot y_1|$」

T「お，いい感じ。」

S$_2$「うるさいな〜先生，黙ってて！　もう 1 つの直線 $y = -\tan\theta\cdot x$ との距離 PI は…。」

PI $= |\sin\theta\cdot x_1 + \cos\theta\cdot y_1|$

PH$\cdot$PI $= 1$ より

$|\sin\theta\cdot x_1 - \cos\theta\cdot y_1| \cdot |\sin\theta\cdot x_1 + \cos\theta\cdot y_1| = 1$
$$\sin^2\theta\cdot x_1^2 - \cos^2\theta\cdot y_1^2 = \pm 1$$

$x = x_1, y = y_1$ として
$$\sin^2\theta\cdot x^2 - \cos^2\theta\cdot y^2 = \pm 1$$

これを標準形に変形すると

$$\frac{x^2}{\dfrac{1}{\sin^2\theta}} - \frac{y^2}{\dfrac{1}{\cos^2\theta}} = \pm 1$$

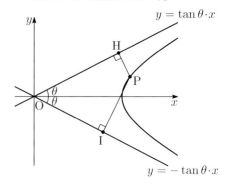

S$_2$「できたよ！」

T「すばらしい，パチパチ……，右辺の -1 は y 軸と交わる双曲線だよ。そうそう 45°の
　　回転に使った $\dfrac{1+i}{\sqrt{2}}$ という数は簡単に表すと $\sqrt{i}$ という数なんだ。授業ではあまり扱わ
　　なかったけど，$\times i$ が 90°，$\times\sqrt{i}$ が 45°の左回転をする計算になるんだ。$\times(-\sqrt{i})$ は右
　　45°の回転になる。いったん複素数に直してから計算して元に戻せば，座標平面のグラ
　　フを回転することができるんだよ。」

8.4 高校数学外伝 IV「パズル確率」

T「今日は，確率の問題をもってきた。こんな問題なんだ。」

> 1つの袋に黒い碁石 2 個，白い碁石 1 個，合計 3 個の碁石が入っている。この袋から 1 個碁石を取り出すときその碁石が黒い碁石である確率を求めなさい。

S_2「やだなぁ～先生，$\dfrac{2}{3}$ に決まってるじゃない！」

T「その通り！ これは入門なんだ。スタートは中学生の確率から始めるぞ。じゃこの問題の 3 個はそのままで 3 個の碁石が黒色か，白色かどちらかわからないときはどうなるのだろう？」

> 1つの袋に 3 個の碁石が入っている。この袋から 1 個碁石を取り出すときその碁石が黒い碁石である確率を求めなさい。

S_2「え～っ？ これが数学の問題なの？」

T「もちろん碁石だから色は黒と白しかないことはわかるね。ちょっと考えてみようよ。」

S_1「でも先生，碁石は黒と白しかないんだから $\dfrac{1}{2}$ じゃないの？」

T「いい所に気がついたね。そうなんだ答えは $\dfrac{1}{2}$ になるんだ。じゃ数学を用いて $\dfrac{1}{2}$ になることを示してみよう！ 場合の数は何通りかな？」

S_2「3 個の碁石だから，黒 3 個，黒 2 個と白 1 個，黒 1 個と白 2 個，白 3 個の 4 通りです。」

T「そこまでわかればもうできたも同じだ。計算してみよう！」

$$p = \frac{1}{4}\cdot\frac{3}{3} + \frac{1}{4}\cdot\frac{2}{3} + \frac{1}{4}\cdot\frac{1}{3} + \frac{1}{4}\cdot\frac{0}{3}$$
$$= \frac{1}{4}\cdot\frac{3+2+1+0}{3}$$
$$= \frac{1}{2}$$

S_2「できましたぁ～。」

T「数学を使うと曖昧な考え方を数値でしっかりと表すことができるね。じゃこの問題をさらに発展させて n 個の碁石で考えてみようよ。」

S_2「え～っ，これで終わりじゃないんですか？ n 個？ 何それ～！」

S_1「3 個で求めた式を n に発展させるだけでしょ，先生。」

T「その通り。計算練習だよ。早くやる！」

S_2「もう～。」

$$p = \frac{1}{n+1}\cdot\frac{n}{n} + \frac{1}{n+1}\cdot\frac{n-1}{n} + \cdots\cdots + \frac{1}{n+1}\cdot\frac{1}{n} + \frac{1}{n+1}\cdot\frac{0}{n}$$
$$= \frac{1}{n+1}\cdot\frac{n+(n-1)+\cdots\cdots+1+0}{n}$$
$$= \frac{1}{n+1}\cdot\frac{1}{n}\cdot\sum_{k=1}^{n}k$$
$$= \frac{1}{n+1}\cdot\frac{1}{n}\cdot\frac{n(n+1)}{2}$$
$$= \frac{1}{2}$$

S_2「できたけど，もうお腹いっぱい。」

(参考文献：数学セミナー 1988 年 2 月号 P56「人生をちょっぴり豊かにする公算(かくりつ)」)

8.5　高校数学外伝 V「巴戦の確率」

T「昨日の大相撲見たかい？」

S₁「わたしは，大会だったからその時間はバスの中…。」

S₂「オレ，見た見た。幕下の優勝決定戦が面白かった。巴戦（ともえせん）だったっけか？ 3人で延々
　と2連勝するまでやるやつ。あれ，面白かった。」

T「大相撲では3人が同星で並んだときには巴戦という独特のルールで優勝を決めるん
　だ。今，確率を勉強しているから，この巴戦の確率を求めてみようよ。」

S₃「エッ，みんな $\frac{1}{3}$ じゃないの？」

T「さぁ〜，どうなっているかはお楽しみです。一応断っておくけど勝負は互角として，
　確率は $\frac{1}{2}$ とします。」

S₂「A, B, C の3人が対戦するとして，最初は A 対 B で C は抜け番として……。」

T「ちょっと時間を取るよ，がんばってね。」

S₃「A 対 B で A が勝った時を A_B で表すとして…。」

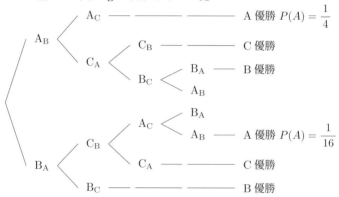

S₃「樹形図できた〜。4回目まで書いたら最初に戻った。ここからそれぞれの確率を求め
　るんだな。」

$$P(A) = \frac{1}{4} + \frac{1}{16} + \frac{2}{16} P(A)$$

$$\frac{7}{8} P(A) = \frac{5}{16}$$

$$P(A) = \frac{5}{14}$$

S₃「A と B は同じだから $P(B) = \frac{5}{14}$ だよな。後は，$P(A) + P(B) + P(C) = 1$ だから…，
　えっ〜 $P(C) = \frac{4}{14}$，同じじゃないじゃん。」

T「そうなんだ，最初の2人 A, B は負けてもまだ勝つ確率があるんだけど，抜け番だっ
　た C は負けると即終わり。公平のように見える巴戦なんだけど，数学的には最初のく
　じで微妙に確率が変わってしまうんだ。」

S₂「それってちょっとおかしいよね。改革しようとはしないのかな？」

T「まぁ，相撲は歴史があってかなり前からこのシステムで優勝者を決めているからな，
　多少厳密じゃなくてもそれも伝統だな。さぁ，今日は無限級数の続きだったな…。」

(参考文献：数学セミナー 1990年8月号表紙「巴戦の確率」)

8.6　高校数学外伝 VI「$\sqrt{i}$」 (本文 P51 参照)

T「今日は, 虚数 i と平方根の関係を考えたいと思う。まずは小手調べに方程式 $x^4+1=0$ を解いてみようか。」

S$_1$「今日は意外と簡単そうな問題なんですね。」

T「ごたくはいいから, 早くやる！」

S$_2$「$x^4=-1$, うん？ そうか $t=x^2$ とすれば 2 次方程式 $t^2=-1$ だから, $t=\pm i$, t を x に戻すと…, $x^2=\pm i$, うむっ？ $x=\pm\sqrt{\pm i}$？」

T「さぁ, 今日考える式が出てきたかい？」

S$_2$「先生, この $\sqrt{i}$ ってなんなんですか？」

T「平方完成の形でこの式を解くとその解が出現するんだ。因数分解の解き方で $x^4+1=0$ を解いてみようよ。」

S$_2$「因数分解って, この式が因数分解できるんですか？」

T「そのままじゃ無理だけど, ある技を使うと因数分解できるんだ。」

S$_2$「先生, その技を教えてくださいよ。」

T「ただじゃもったいないなぁ～。教科書にも書いてない技なんだ。」

S$_2$「ええっ～。」

T「ウソ, ウソ, $2x^2$ とそのキャンセル項 $-2x^2$ を加えると因数分解できるんだ。やってごらん。」

$$x^4+1+2x^2-2x^2=0$$
$$(x^2+1)^2-2x^2=0$$
$$(x^2+1)^2-(\sqrt{2}\cdot x)^2=0$$
$$(x^2+1-\sqrt{2}\cdot x)(x^2+1+\sqrt{2}\cdot x)=0$$
$$(x^2-\sqrt{2}\cdot x+1)(x^2+\sqrt{2}\cdot x+1)=0$$

T「おっ, いい感じ。」

S$_2$「あとは, 2 つの 2 次方程式を解けばいいんだから…。」

$$x^2-\sqrt{2}\cdot x+1=0 \qquad\qquad x^2+\sqrt{2}\cdot x+1=0$$
$$x=\frac{-(-\sqrt{2})\pm\sqrt{(-\sqrt{2})^2-4\cdot1\cdot1}}{2\cdot1} \qquad x=\frac{-\sqrt{2}\pm\sqrt{(\sqrt{2})^2-4\cdot1\cdot1}}{2\cdot1}$$
$$x=\frac{\sqrt{2}\pm\sqrt{-2}}{2} \qquad\qquad x=\frac{-\sqrt{2}\pm\sqrt{-2}}{2}$$
$$x=\frac{\sqrt{2}\pm\sqrt{2}\,i}{2} \qquad\qquad x=\frac{-\sqrt{2}\pm\sqrt{2}\,i}{2}$$

S$_2$「これで, できたのかなぁ～？」

T「出てきた式は, 分母分子に $\sqrt{2}$ をかけると簡単になるよ。」

$$x=\frac{\sqrt{2}\pm\sqrt{2}\,i}{2}\times\frac{\sqrt{2}}{\sqrt{2}}=\frac{2\pm2i}{2\sqrt{2}}=\frac{1+i}{\sqrt{2}}$$

S$_1$「$x=\dfrac{1\pm i}{\sqrt{2}}$, もう 1 つは $x=\dfrac{-1\pm i}{\sqrt{2}}$ になりました。」

T「出てきた 4 つの解を最初に出てきた $\pm\sqrt{i}$ と $\pm\sqrt{-i}$ に対応させるんだ。基本どれを基準に対応させてもいいんだけどわかりやすいように

$$\sqrt{i}=\frac{1+i}{\sqrt{2}},\quad -\sqrt{i}=-\frac{1+i}{\sqrt{2}},\quad \sqrt{-i}=\frac{-1+i}{\sqrt{2}},\quad -\sqrt{-i}=\frac{1-i}{\sqrt{2}}$$

になっている。じゃ今日出てきた 4 つの複素数を複素数平面上で表してみよう。」

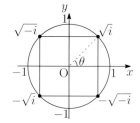

S$_2$「できました。4つの解は正方形の頂点になるんですね。」

T「どの点も偏角 θ を 4 回増やすと -1 にたどり着くことを確認してごらん。」

S$_2$「$\sqrt{i}$ の偏角は $\frac{\pi}{4}$ だから，4 倍すると π だから…，おおっ -1 になります！」

S$_1$「$\sqrt{-i}$ は 2 周目で -1 になったわ。」

S$_2$「$-\sqrt{i}$ の偏角は $\frac{5\pi}{4}$ だから，4 倍すると 5π だから…，2 周と半週で -1！」

T「ある数に虚数 i をかけると $90°$ の回転を表すことは学習したよね。この $\sqrt{i}$ は $45°$ の回転を表しているんだ。$(1+i) \times \sqrt{i}$ を計算してごらん。」

S$_2$「$(1+i) \times \sqrt{i} = \sqrt{i} + i\sqrt{i}$ これってどうやって計算するの？」

T「$\sqrt{i}$ の値は今求めたばかりじゃないか，$\frac{1+i}{\sqrt{2}}$ を使うんだよ。」

$$(1+i) \times \sqrt{i} = (1+i) \times \frac{1+i}{\sqrt{2}} = \frac{(1+i)^2}{\sqrt{2}} = \frac{2i}{\sqrt{2}} = \sqrt{2}\,i$$

S$_2$「$\sqrt{2}\,i$ になりました。」

T「複素数 $1+i$ と $\sqrt{2}\,i$ を複素数平面上で表してごらん。比べると $45°$ の左回転の関係になっている事が一目瞭然だろ。」

S$_2$「おおぉ〜，確かに！」

T「複素数平面上で表されている何かを左に $45°$ 回転させたいときには $\times \sqrt{i}$ の計算をすればいいんだ。右に $45°$ 回転させたいときには $\times(-\sqrt{i})$ の計算だ。最初の因数分解も基本公式は $(x^2 + x + 1)(x^2 - x + 1) = x^4 + x^2 + 1$ なんだ。これは実力問題で入試に出ることもあるから覚えておくように。」

8.6.1 数の話．〜聖書の数〜   (1 つ前は本文 P127)

旧約聖書，新約聖書の数の話をまとめた「聖書の数」から 3 つの話を紹介しましょう。

58	343	354
新約聖書の整数の種類は 58 個でした。これに分数 3 個と文で表現されていた小数の 0.5 と 3.5 の 2 個をあわせ 63 個でした。1 個少ないと感じて調べたら 39 が隠されていました。 「ユダヤ人から四十に一つ足りない鞭を受けたことが五度。」 (コリントの信徒への手紙二 11.24)	旧約聖書の数字を用いた数の種類は 328 個ありました。これに 12 種類の小数と分数，言葉で表現された 3 種類の小数 0.5, 6.5, 9.5 を加えると 343 種類の数でした。 $343 = 7^3$ $ = 18^0 + 18^1 + 18^2$	聖書の数字を用いた数の種類は旧約聖書 343 個,旧約聖書で使われていない数が新約聖書に 10 個あり合計は 353 種類の数でした。これに"十分の一の更に十分の一"を百分の一と考えると 354 種類でした。 $354 = 1^4 + 2^4 + 3^4 + 4^4$

8.7　高校数学外伝 VII「複素数平面　～キッチンタイマーは時空移動機？～」

　今春から高校を卒業し理学部の数学科に進学した平賀君の新生活が新しい地で始まった。アパートでの一人暮らしなのだが，前に住んでいた人の忘れ物だろうか，なぜかキッチンタイマーがあった。平賀君はカップ麺が大好きだったので，これは便利な物を残してくれたと感じていつもカップ麺の 3 分を計るのに使っていた。

　　　　平賀「今日は何のカップ麺にしようかな，定番の焼きそばにするか。$\boxed{1}$，$\boxed{8}$，$\boxed{0}$，$\boxed{スタート}$。」

　3 分後，タイマーが鳴り始めた。お湯を捨てて，いつものように TV を見ながらカップ麺を食べていると，キッチンタイマーに見慣れない表示があった。数字だけかと思っていたキーに $\boxed{x}$ という表示をみつけたのである。

　　　　平賀「この $\boxed{x}$ って何だろう？」

　試しに，$\boxed{x}$，$\boxed{スタート}$ と押してみた所，押した途端にタイマーが鳴り始めた。

　　　　平賀「なんなんだ。このタイマー。」

　何か気になる，今度は $\boxed{x}$，$\boxed{-}$，$\boxed{3}$ と入力して $\boxed{スタート}$ ボタンを押すと……，しばらくしてタイマーが鳴り始めた。

　　　　平賀「あれ？　今度はスタートと同時じゃなかったぞ。」

　$\boxed{x}$，$\boxed{-}$，$\boxed{9}$ と入力して $\boxed{スタート}$ ボタンを押すと……，さっきと比べてやや長い時間がたってからタイマーが鳴り始めた。

　　　　平賀「まさか，このタイマーは方程式を解いて鳴らしているのかな？」

　$\boxed{x}$，$\boxed{-}$，$\boxed{3}$，$\boxed{0}$ と入力して $\boxed{スタート}$ ボタンを押して，自分の腕時計に目をやった。腕時計の秒針が 30 秒進んだところでタイマーが鳴り始めた。

　　　　平賀「このタイマーは数式でも時刻指定ができるんだ。賢いなぁ～。じゃちょっと高度な数式を入力してみようかな。」

　何を思ったのか $\boxed{x}$，$\boxed{\times}$，$\boxed{x}$，$\boxed{-}$，$\boxed{2}$ で試してみると……。ほんの少したってタイマーが鳴り始めた。

　　　　平賀「賢いなぁ～。このタイマーは $x^2 - 2 = 0$ を解いてタイマーを鳴らしたんだ。」

　そうさっきの時間は $\sqrt{2}$ 秒後にタイマーが鳴ったのである。

　　　　平賀「この機能は必要なのかな？　3 分だけ計ってくれればいいんだけど。まっいいや，機能が多い分には困らないし。簡単だし。」

　その後平賀君はいろいろ試してみたところ，$x+2$ と入力してスタートを押しても何も反応しないこと，$x^2 + 4x + 3$ では何も反応しないが，$x^2 - 4x - 3$ では 1 秒後にタイマーが鳴ったことから，このタイマーの方程式時刻は負の数の実数解には反応しないことがわかった。

　ある日のこと，平賀君は解なしの 2 次方程式を入力したらどうなるのだろうと感じた。ここでいう解なしとは 2 つの複素数解をもつ 2 次方程式のことである。

　　　平賀「あんまり最初から難しい式じゃない方がいいな。そうだな $x^2+1=0$ にしよう
　　　　　　か，この2次方程式の解は $x=\pm i$ だな。」

$\boxed{x}$，$\boxed{\times}$，$\boxed{x}$，$\boxed{+}$，$\boxed{1}$，$\boxed{\text{スタート}}$ と押した瞬間，その途端タイマーが鳴り始めた。そ
して平賀君は周りの異変に気がついた。今までいた自分の部屋ではなく真っ白な空間の中に一
人タイマーを持って座っていたのである。

　　　平賀「なんなんだ！　何が起こった！」

左手に持っていたカップ麺が落ち，自分の腕時計を見たが腕時計は普通に動いていた。

　　　平賀「落ち着け！　落ち着け！　あわてるんじゃない。」

　平賀君は自分のおかれた状況を分析した。自分は自分の部屋でタイマーを押しただけ，1歩も
動いていない。だけどどうしてこんな所に来てしまったのだろう。ここは自分の部屋なのか？
もしかしたら方程式の1つの解である i だけ動いてしまったのだろうか？　じゃもう一度同じこ
とをすれば元に戻るはずだ。
　平賀君は再び $\boxed{x}$，$\boxed{\times}$，$\boxed{x}$，$\boxed{+}$，$\boxed{1}$，$\boxed{\text{スタート}}$ と押してみた。
　その途端タイマーが鳴り始めた。そして平賀君は周りを見回したところ…やはりそこは自分
の知っている元の世界ではなかった。先ほど落としたカップ麺も見当たらなかった。

　　　平賀「どうしてだ，元に戻らないぞ！」

平賀君は高校時代に習った複素数平面を思い出していた。

　　　平賀「まてよ，時空が i だけずれてしまったとしたら，同じ式を入力してもさらに i だけ
　　　　　　ずれるだけだ。ということは今の自分は $2i$ だけずれた時空にいるということか。」

　平賀君は頭の中で今の状況を考えてみた。元の世界に
戻るためには $-2i$ の移動をしなくてはいけないことがだ
んだんと理解できてきた。

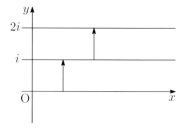

　　　平賀「$x+2i$ を入力すれば元に戻れるかもしれな
　　　　　　い。でもこのタイマーには i のキーはないし
　　　　　　どうすればいいんだろう。」

　　　平賀「まてよ，$x+2i=0$ となる2次方程式を入力すれば…。もしかしたら…元に戻れ
　　　　　　るかもしれない。」

$$x+2i=0$$
$$x=-2i$$
$$(x)^2=(-2i)^2$$
$$x^2=4i^2$$
$$x^2=-4$$
$$x^2+4=0$$

平賀「でも，この2次方程式の解は $\pm 2i$ だよな。負の数は実数の範囲では無視された。虚数解の $\pm$ は $-$ が優先になるなんて保証はないぞ。いやさらに $+2i$ だけ別の世界に行く可能性の方が高い。もう少し考えろ！」

平賀君はスラムダンクの安西先生の一言を思い出していた。「あきらめたら，そこで試合終了だよ。」

平賀「あきらめないぞ！ まてよ i のキーがないなら表示させればいいんじゃないか？　$\boxed{x}$，$\boxed{\times}$，$\boxed{x}$，$\boxed{+}$，$\boxed{1}$，$\boxed{=}$，$\boxed{0}$，$\boxed{\text{スタート}}$。」

$\boxed{=}$ を入力した式においてはタイマー機能は無く，入力した方程式の計算結果だけを表示してくれるのは実験済みだったのである。ディスプレイには無事 i が表示された。

平賀「この状態から，$\boxed{+}$, $\boxed{x}$, $\boxed{\text{スタート}}$。」

その途端タイマーが鳴り始め，横には先ほど落としたカップ麺がころがっていた。

平賀「よっしゃ〜ぁ！ もう一度同じことを繰り返せば元に戻れるはずだ。」

そして，同じことを繰り返すとそこは元の自分の部屋だった。

平賀「ふ〜っ，一体，なんだったんだ。このタイマーは結局なんなんだ。そうだ，こぼしたカップ麺はどうしようか，今度行ったときに片づけよう。でもこれでもう収納場所には困らないな。困ったら違う時空に置いてくればいいんだから。」

不思議なタイマーと出会ってしまった平賀君だったが無事難局を乗り切った。明日から始まる大学生活はどんなことになるのだろう。

「元気が出る数学の授業　〜高校数学教材集〜」の完成を記念して，面白い記事だと温めていた数学セミナーの「数の拡大：直線の中の3次元空間」[1]を元に複素数平面(空間)の世界に変えて作ってみました。主人公の名前はその記事と同じにしました。

8.7.1　元気話．電卓の数表示と電話の数表示

タイマーを書いていたら思い出しました。電卓の数表示と，電話の数表示が違うことは知っていますよね。以下のようになっています。

恥ずかしい話ですが，私は大学生まで知りませんでした。昔の電話は回すタイプからスタートして，高校生くらいからプッシュ式が出てきた時代です。その頃はプログラム電卓と付き合っている時間が長く，ある日プッシュ式の公衆電話で覚えている電話番号をいくら打っても違う家が出てしまいました。「なぜ，他の家にかかってしまうのだろう？」悩んで，電話機をにらみ続けること数十分，ようやく数字の位置の違いに気がつきました。

---
[1] 2014年1月号 P72

8.8　高校数学外伝 VIII「どうして正七角形は作図できないの？」

S_1「先生，昨日ちょっと調べていたら数学者ガウス[2]は 19 歳の時に正十七角形が作図でき
ることを証明したってあったんだけど，19 歳って私たちと 1 つしか違わないじゃん。
正十七角形はあんまり興味ないからいいんだけど，どうして正七角形は作図できない
の？」

T「う～ん。簡単にいうと正多角形の頂点は同一円周上にある。正多角形の頂点と外接円
の中心とを結んでできる $\dfrac{360°}{7}$ の角が作図できないんだ。」

S_1「それって，$\dfrac{360°}{7}$ は作図できなくて $\dfrac{360°}{17}$ は作図できるってこと？」

T「その通り。」

S_1「でも先生，$\dfrac{360°}{7}$ ができなくて，$\dfrac{360°}{17}$ ができるって何かおかしくない？」

T「それはね，7 と 17 は素数ということでは共通しているんだけど，同じ素数でも 1 つ減
らした 6 と 16 の違いに秘密があるんだ。」

S_1「6 ができなくて，16 ができるってこと？」

T「6 と 16 の違いがわかれば正多角形の作図の秘密に近づくことができるよ。」

S_1「6 と 16 の違い？　6 は 2×3 で，16 は 2^4 だけど……。」

S_2「この前の WBC で背番号 6 の選手はいなかったけど，背番号 16 は大谷選手だったっ
てことに関係しているんじゃない？」

S_1「もう～，チャチャ入れないの！　私はまじめに聞いているんだから。」

T「今の分析はあってるよ。6 次式は (3 次式)×(3 次式) の形になる。でも 16 次式は (8 次
式)×(8 次式)，そして 8 次式は (4 次式)×(4 次式)，4 次式は (2 次式)×(2 次式) になっ
て，2 次式の解法で解くことができるんだ。」

S_1「ふ～ん。でも先生それなら 6 次式は (2 次式)×(2 次式)×(2 次式) の形にもできるんで
しょ。同じことじゃん。」

T「6 次式を 2 次式 3 つの積の形にしようとすると，その 3 つの式の係数を求めるために
3 次方程式を解かなくてはいけないんだ。3 次方程式 2 つの形にすると，今度はその 3
次方程式を解かなくてはいけないんだ。作図は 2 次方程式までだったら解くことでき
るけど，3 次方程式は解くことができないんだ。」

S_1「でも先生，作図できない 2 番目の正多角形は正九角形だったよ。正九角形も同じこと
なの？」

T「う～ん，同じじゃないけど正九角形なら今の君たちにもどうしてできないかがわかる
と思うよ。$x^9 - 1 = 0$ を解くことができるか挑戦してごらん。」

S_1「もう～変なことに首突っ込んじゃった～。しょうがないなぁ～，やってみましょう。
$x^3 = X$ とすると，えっ？　因数分解できるじゃん。」

$$x^9 - 1 = 0$$
$$x^3 = X \text{ とおくと }\quad X^3 - 1 = 0$$
$$(X - 1)(X^2 + X + 1) = 0$$
$$X = 1,\ X = \frac{-1 \pm \sqrt{3}\,i}{2}$$
$$X = 1,\ X = \omega,\ X = \overline{\omega}$$
$$x^3 = 1,\ x^3 = \omega,\ x^3 = \overline{\omega}$$

---

[2]Carl Friedrich Gauss 1777-1855

S₁「$x^3 = 1$ は簡単だけど，$x^3 = \omega$ ってこれどうやって解くの〜。そうかできないことを感じればいいんだから，これを解くには 3 次方程式を解かなければいけないということなんだ。」

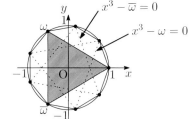

S₁「先生，正九角形ができないことわかったよ。3 つの頂点はわかるけど，残りの 6 つがわからないってことでしょ。」

T「がんばったね。その通り。正九角形の中には正三角形が 3 つある。1 つは簡単に求めることができるんだけど，残りの 2 つの正三角形の頂点の位置を求めようとしたときに 3 次方程式がでてきてしまうんだ。」

S₁「先生，正十七角形を求めることができる 2 次方程式ってどんな形しているの？」

T「えっ。」

S₁「私たちにも解くことできる？」

T「それは……。また今度紹介するよ。」

8.8.1 正十七角形の頂点の座標を求めるための 2 次方程式

これ以降はどんな 2 次方程式なのかを生徒に紹介するために示した計算式のみです。立式の仕方は参考文献を参照してください。

$$x^2 + x - 4 = 0$$

$$x = \frac{-1 \pm \sqrt{17}}{2}$$

$$\alpha_1 = \frac{-1 + \sqrt{17}}{2} \ , \ \alpha_2 = \frac{-1 - \sqrt{17}}{2}$$

$$y^2 - \alpha_1 y - 1 = 0 \ , \ y^2 - \alpha_2 y - 1 = 0$$

$$\beta_1 = \frac{\alpha_1 + \sqrt{\alpha_1^2 + 4}}{2} \ , \ \beta_2 = \frac{\alpha_2 + \sqrt{\alpha_2^2 + 4}}{2}$$

$$z^2 - \beta_1 z + \beta_2 = 0 \ , \ z^2 - \beta_2 z + \beta_1 = 0$$

$$\gamma_1 = \frac{\beta_1 + \sqrt{\beta_1^2 - 4\beta_2}}{2} \ , \ \gamma_2 = \frac{\beta_2 + \sqrt{\beta_2^2 - 4\beta_1}}{2}$$

$$\gamma_1 = \frac{-1 + \sqrt{17}}{8} + \frac{1}{4}\sqrt{\frac{17 - \sqrt{17}}{2}} + \frac{1}{2}\sqrt{\frac{17 + 3\sqrt{17}}{4} - \sqrt{\frac{17 + \sqrt{17}}{2}} - \frac{1}{2}\sqrt{\frac{17 - \sqrt{17}}{2}}}$$

$$= \frac{1}{8}\left(-1 + \sqrt{17} + \sqrt{2(17 - \sqrt{17})} + 2\sqrt{17 + 3\sqrt{17} - \sqrt{2(17 - \sqrt{17})} - 2\sqrt{2(17 + \sqrt{17})}}\right)$$

$$w^2 - \gamma_1 w + \gamma_2 = 0$$

$$\cos\left(\frac{2\pi}{17}\right) = \frac{1}{16}\left(-1 + \sqrt{17} + \sqrt{2(17 - \sqrt{17})} + 2\sqrt{17 + 3\sqrt{17} - \sqrt{2(17 - \sqrt{17})} - 2\sqrt{2(17 + \sqrt{17})}}\right)$$

$$= \frac{1}{16}\left(-1 + \sqrt{17} + \sqrt{2(17 - \sqrt{17})} + 2\sqrt{17 + 3\sqrt{17} - \sqrt{170 + 38\sqrt{17}}}\right)$$

$$\sin\left(\frac{2\pi}{17}\right) = \frac{1}{8}\sqrt{2(17 - \sqrt{17}) + 2\sqrt{2(17 - \sqrt{17})} - 4\sqrt{17 + 3\sqrt{17} + \sqrt{170 + 38\sqrt{17}}}}$$

複素数平面の単位円周上に頂点がある正十七角形において $\cos\left(\frac{2\pi}{17}\right) + i\sin\left(\frac{2\pi}{17}\right)$ が $(1, 0)$ に続く左回りの最初の頂点の座標です。

(参考文献：数学セミナー 1992 年 9 月号 P20「正 n 角形の作図」)

付 録 A　資料

A.1　自己相似図形

(本文 P24 参照)

自己相似図形

HRNO＿＿＿＿＿＿　氏名＿＿＿＿＿＿＿＿＿＿＿

問. 自身と相似な図形で 4 等分しなさい。

(1)

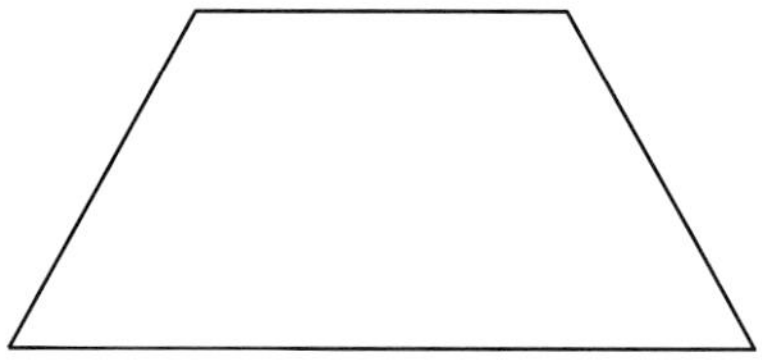

(2)

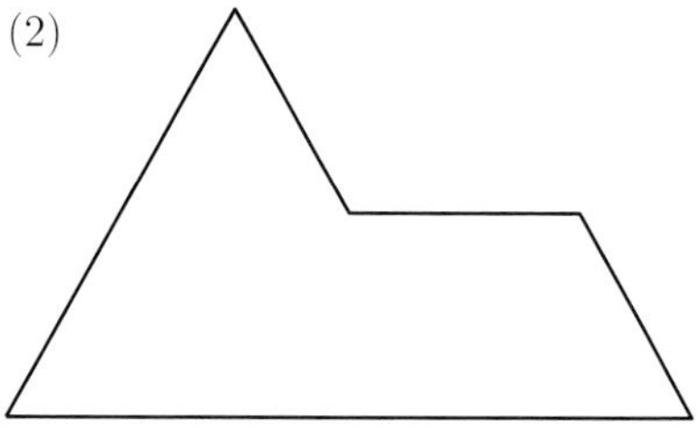

(3)

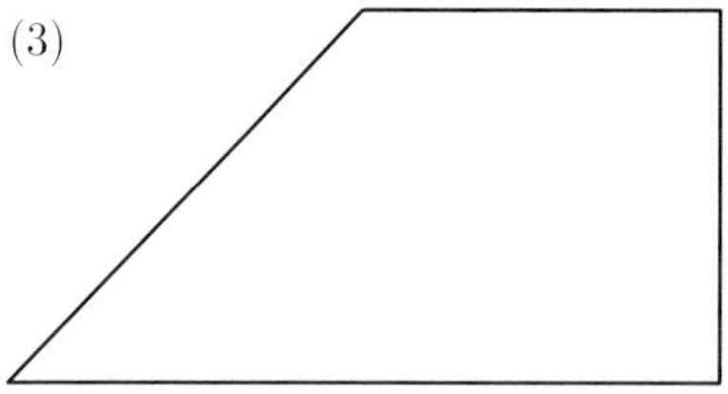

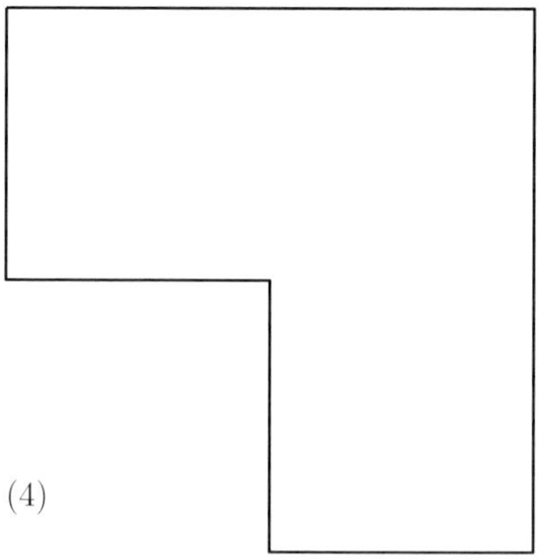

(4)

(参考文献：「秋山 仁の算数ぎらい大集合」 1994 年 7 月 日本放送出版協会)

A.2 放物線は相似？ (本文 P4 参照)

A.2.1 放物線は相似？ I

HRNO＿＿＿＿＿＿ 氏名＿＿＿＿＿＿＿＿＿＿＿＿

> 問. 下の座標平面に次のグラフを書きなさい。
> ① $y = x^2$ ② $y = \dfrac{1}{2}x^2$

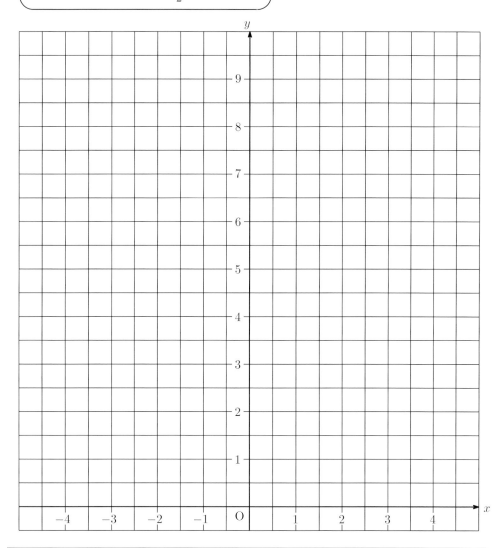

※２つのグラフを見て気がついたことを書き留めよう！

A.2.2　放物線は相似？ II

HRNO_____　氏名_____

① $y = x^2$

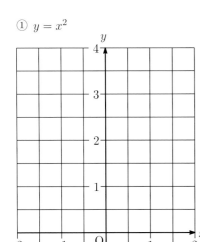

② $y = \dfrac{1}{2}x^2$

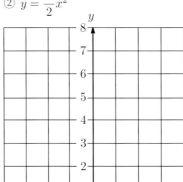

③ $y = \dfrac{1}{4}x^2$

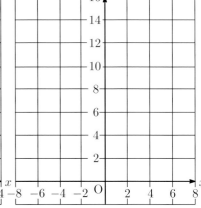

※気がついたことを書き留めよう！

A.2.3　双曲線は相似？

① $y = \dfrac{1}{x}$

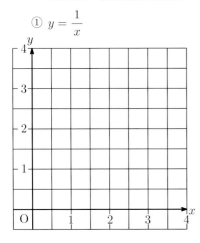

② $y = \dfrac{2}{x}$

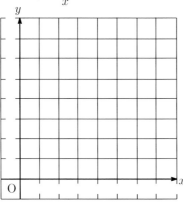

③ $y = \dfrac{4}{x}$

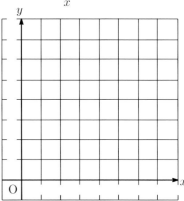

※気がついたことを書き留めよう！

A.3　ピタゴラスの石畳 (本文 P7 参照)

A.4 三角比
(本文 P7 参照)
A.4.1 正方形埋め込みパズル I

三平方の定理 I（ピタゴラスの定理）

HRNO _____ 氏名 _____

(1)   (2)

A.4.2 正方形埋め込みパズル II

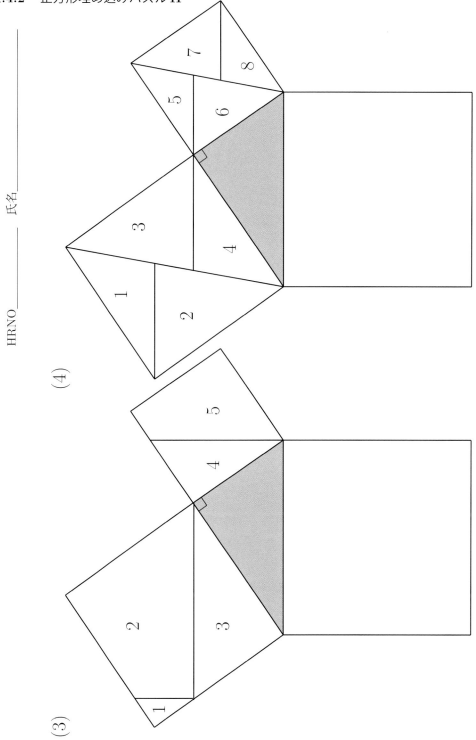

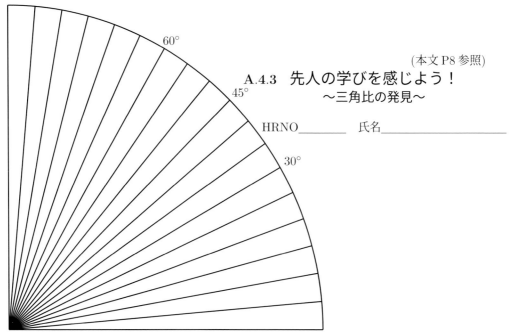

(本文 P8 参照)

A.4.3 先人の学びを感じよう！

～三角比の発見～

HRNO＿＿＿＿＿　氏名＿＿＿＿＿＿＿＿＿＿＿＿

(1) 知っている三角比の値を確認しよう。

$$\sin 30° = \frac{\boxed{}}{10} = \boxed{①} \ , \cos 30° = \frac{\boxed{}}{10} = \boxed{②} \ , \tan 30° = \frac{\boxed{①}}{\boxed{②}} = \boxed{}$$

$$\sin 45° = \frac{\boxed{}}{10} = \boxed{①} \ , \cos 45° = \frac{\boxed{}}{10} = \boxed{②} \ , \tan 45° = \frac{\boxed{①}}{\boxed{②}} = \boxed{}$$

$$\sin 60° = \frac{\boxed{}}{10} = \boxed{①} \ , \cos 60° = \frac{\boxed{}}{10} = \boxed{②} \ , \tan 60° = \frac{\boxed{①}}{\boxed{②}} = \boxed{}$$

(2) すべての三角比を求めてみよう。

θ	$\sin \theta$	$\cos \theta$	$\tan \theta$
5°			
10°			
15°			
20°			
25°			
35°			
40°			
50°			
55°			
65°			
70°			
75°			
80°			
85°			

A.5　さいころ6個投げ実験レポート用紙　(本文 P20 参照)

HRNO＿＿＿＿＿＿　氏名＿＿＿＿＿＿＿＿＿＿＿＿＿＿＿

実験記録用紙［1の目が出た時は○を，出なかったときは×をつけて記録しよう。］
① 個人記録をまとめよう！

1	2	3	4	5	6	7	8	9	10	○の小計	○の累計 (1〜10)	○の割合 (1〜10)
11	12	13	14	15	16	17	18	19	20	○の小計	○の累計 (1〜20)	○の割合 (1〜20)
21	22	23	24	25	26	27	28	29	30	○の小計	○の累計 (1〜30)	○の割合 (1〜30)
31	32	33	34	35	36	37	38	39	40	○の小計	○の累計 (1〜40)	○の割合 (1〜40)
41	42	43	44	45	46	47	48	49	50	○の小計	○の累計 (1〜50)	○の割合 (1〜50)

② 班で集計してみよう！

名前	合計	回数
班		

③ クラスで集計してみよう！

班	合計	回数	割合
1			
2			
3			
4			
5			
6			
7			
クラス			

④ 自分の記録と班の人の記録，他の班の人の記録あわせて 1000 回の記録を集めよう！

名前	合計	累計	回数	割合
			50	
			100	
			150	
			200	
			250	
			300	
			350	
			400	
			450	
			500	

名前	合計	累計	回数	割合
			550	
			600	
			650	
			700	
			750	
			800	
			850	
			900	
			950	
			1000	

⑤ 上の記録をグラフに表そう！ (50 回までは自分の記録でスタートしよう。)

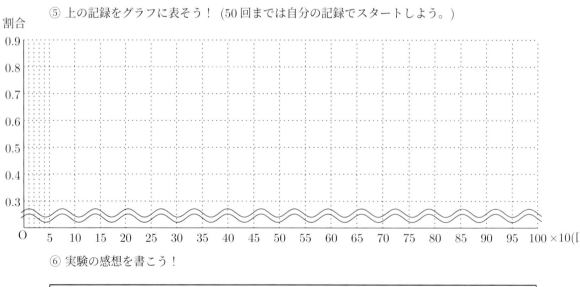

⑥ 実験の感想を書こう！

A.6 共通接線 数学科レポート用紙 (本文 P26 参照)

HRNO＿＿＿＿＿＿＿ 氏名＿＿＿＿＿＿＿＿＿＿＿＿＿

問. 円 O の半径を R, 円 O′ の半径を r として共通接線を作図しなさい。(ただし $R > r$)

外接線

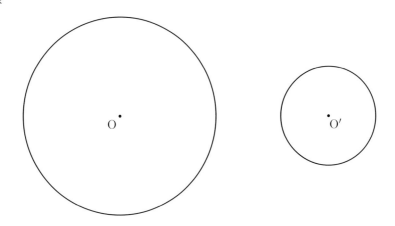

内接線

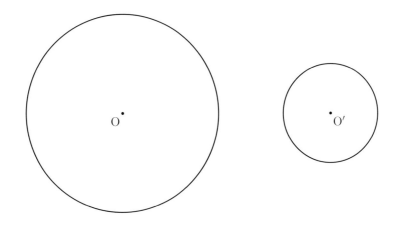

A.7　エラトステネスの篩

(本文 P34 参照)

A.7.1　エラトステネスの篩 I

素数の求め方 I 【エラトステネスの<ruby>篩<rt>ふるい</rt></ruby>】

HRNO＿＿＿＿＿＿　氏名＿＿＿＿＿＿＿＿＿＿＿＿

手順
(1) 1 を消す。
(2) 2 を残して 2 の倍数を消す。
(3) 3 を残して 3 の倍数を消す。
(4) 4 は消えているので 5 を残して 5 の倍数を消す。
この手順を繰り返して最後の数までいったら終わり。

1	2	3	4	5	6	7	8	9	10
11	12	13	14	15	16	17	18	19	20
21	22	23	24	25	26	27	28	29	30
31	32	33	34	35	36	37	38	39	40
41	42	43	44	45	46	47	48	49	50

A.7.2　エラトステネスの篩 II

素数の求め方 II

HRNO＿＿＿＿＿＿　氏名＿＿＿＿＿＿＿＿＿＿＿＿

1	2	3	4	5	6	7	8	9	10
11	12	13	14	15	16	17	18	19	20
21	22	23	24	25	26	27	28	29	30
31	32	33	34	35	36	37	38	39	40
41	42	43	44	45	46	47	48	49	50
51	52	53	54	55	56	57	58	59	60
61	62	63	64	65	66	67	68	69	70
71	72	73	74	75	76	77	78	79	80
81	82	83	84	85	86	87	88	89	90
91	92	93	94	95	96	97	98	99	100

A.7.3　エラトステネスの篩 III

HRNO＿＿＿＿＿＿　氏名＿＿＿＿＿＿＿＿＿＿＿＿

1	2	3	4	5	6	7	8	9	10
11	12	13	14	15	16	17	18	19	20
21	22	23	24	25	26	27	28	29	30
31	32	33	34	35	36	37	38	39	40
41	42	43	44	45	46	47	48	49	50
51	52	53	54	55	56	57	58	59	60
61	62	63	64	65	66	67	68	69	70
71	72	73	74	75	76	77	78	79	80
81	82	83	84	85	86	87	88	89	90
91	92	93	94	95	96	97	98	99	100
101	102	103	104	105	106	107	108	109	110
111	112	113	114	115	116	117	118	119	120
121	122	123	124	125	126	127	128	129	130
131	132	133	134	135	136	137	138	139	140
141	142	143	144	145	146	147	148	149	150
151	152	153	154	155	156	157	158	159	160
161	162	163	164	165	166	167	168	169	170
171	172	173	174	175	176	177	178	179	180
181	182	183	184	185	186	187	188	189	190
191	192	193	194	195	196	197	198	199	200
201	202	203	204	205	206	207	208	209	210
211	212	213	214	215	216	217	218	219	220
221	222	223	224	225	226	227	228	229	230
231	232	233	234	235	236	237	238	239	240
241	242	243	244	245	246	247	248	249	250
251	252	253	254	255	256	257	258	259	260
261	262	263	264	265	266	267	268	269	270
271	272	273	274	275	276	277	278	279	280
281	282	283	284	285	286	287	288	289	290
291	292	293	294	295	296	297	298	299	300
301	302	303	304	305	306	307	308	309	310
311	312	313	314	315	316	317	318	319	320
321	322	323	324	325	326	327	328	329	330
331	332	333	334	335	336	337	338	339	340
341	342	343	344	345	346	347	348	349	350
351	352	353	354	355	356	357	358	359	360
361	362	363	364	365	366	367	368	369	370
371	372	373	374	375	376	377	378	379	380
381	382	383	384	385	386	387	388	389	390
391	392	393	394	395	396	397	398	399	400
401	402	403	404	405	406	407	408	409	410
411	412	413	414	415	416	417	418	419	420
421	422	423	424	425	426	427	428	429	430
431	432	433	434	435	436	437	438	439	440
441	442	443	444	445	446	447	448	449	450
451	452	453	454	455	456	457	458	459	460
461	462	463	464	465	466	467	468	469	470
471	472	473	474	475	476	477	478	479	480
481	482	483	484	485	486	487	488	489	490
491	492	493	494	495	496	497	498	499	500

A.8 ペーター・プリヒタの素数円 (簡易版)

(本文 P36 参照)

ペーター・プリヒタの素数円 (簡易版)

HRNO＿＿＿＿＿＿＿ 氏名＿＿＿＿＿＿＿＿＿＿＿＿＿

> 問.素数を塗ってみましょう〜！
> 　　素数が並ぶ線はどんな線なのか考えましょう。

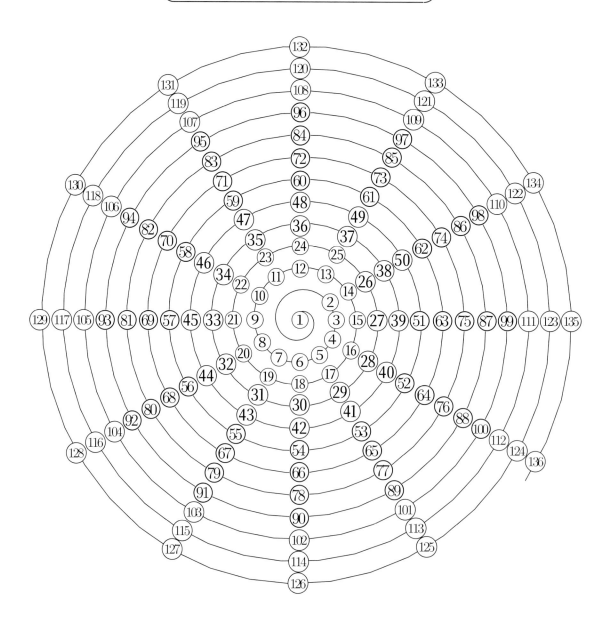

A.9 パスカルの三角形 (本文 P50 参照)

HRNO_____ 氏名_____

問. 偶数を赤で奇数を青で塗ってみましょう〜！

(偶数) + (偶数) = (偶数)，(奇数) + (奇数) = (偶数)，(偶数) + (奇数) = (奇数)

の性質を上手に使いましょう。

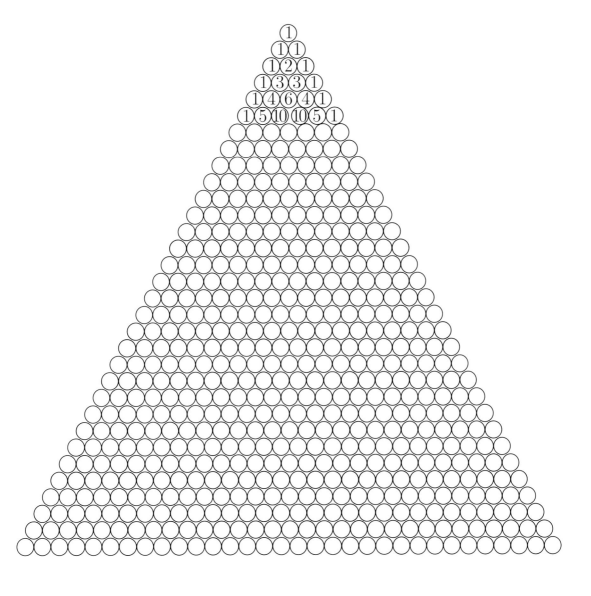

A.10　三角関数のグラフ　　(本文 P58 参照)

HRNO＿＿＿＿＿＿　氏名＿＿＿＿＿＿＿＿＿＿＿＿

> 問. 三角関数 $y = \sin\theta$, $y = \cos\theta$, $y = \tan\theta$ のグラフを書いてみよう！

(1) $y = \sin\theta$

θ	0	$\dfrac{\pi}{6}$	$\dfrac{\pi}{4}$	$\dfrac{\pi}{3}$	$\dfrac{\pi}{2}$	$\dfrac{2}{3}\pi$	$\dfrac{3}{4}\pi$	$\dfrac{5}{6}\pi$	π	$\dfrac{7}{6}\pi$	$\dfrac{5}{4}\pi$	$\dfrac{4}{3}\pi$	$\dfrac{3}{2}\pi$	$\dfrac{5}{3}\pi$	$\dfrac{7}{4}\pi$	$\dfrac{11}{6}\pi$	2π
$\sin\theta$																	

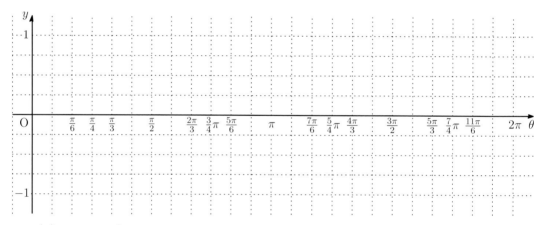

(2) $y = \cos\theta$

θ	0	$\dfrac{\pi}{6}$	$\dfrac{\pi}{4}$	$\dfrac{\pi}{3}$	$\dfrac{\pi}{2}$	$\dfrac{2}{3}\pi$	$\dfrac{3}{4}\pi$	$\dfrac{5}{6}\pi$	π	$\dfrac{7}{6}\pi$	$\dfrac{5}{4}\pi$	$\dfrac{4}{3}\pi$	$\dfrac{3}{2}\pi$	$\dfrac{5}{3}\pi$	$\dfrac{7}{4}\pi$	$\dfrac{11}{6}\pi$	2π
$\cos\theta$																	

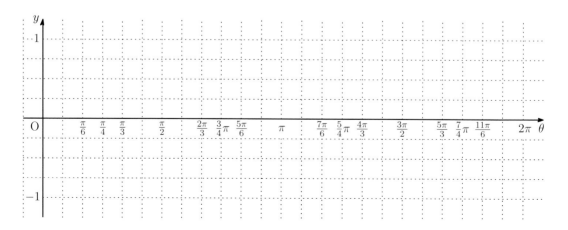

(3) $y = \tan\theta$

θ	0	$\dfrac{\pi}{6}$	$\dfrac{\pi}{4}$	$\dfrac{\pi}{3}$	$\dfrac{\pi}{2}$	$\dfrac{2}{3}\pi$	$\dfrac{3}{4}\pi$	$\dfrac{5}{6}\pi$	π	$\dfrac{7}{6}\pi$	$\dfrac{5}{4}\pi$	$\dfrac{4}{3}\pi$	$\dfrac{3}{2}\pi$	$\dfrac{5}{3}\pi$	$\dfrac{7}{4}\pi$	$\dfrac{11}{6}\pi$	2π
$\tan\theta$																	

A.11 陸上競技のスタート位置 数学科レポート用紙 (本文 P81 参照)

HRNO＿＿＿＿＿＿ 氏名＿＿＿＿＿＿＿＿＿＿＿

> 問. どうして外側のコースの人は内側のコースの人より前でスタートするのだろう？

課題 1 直線 50 m を使って自分の歩幅を測ってみよう！ 　　注意. 電卓持参です。

$$50\,\text{m} \div \boxed{\qquad\qquad 歩} = \boxed{① \qquad\qquad \text{m}}$$

課題 2 第 1 コースを歩いてみよう！

$$\boxed{\qquad\qquad 歩} \times \boxed{① \qquad\qquad \text{m}} = \boxed{② \qquad\qquad \text{m}}$$

課題 3 第 2 コースを歩いてみよう！

$$\boxed{\qquad\qquad 歩} \times \boxed{① \qquad\qquad \text{m}} = \boxed{③ \qquad\qquad \text{m}}$$

課題 4 第 3 コースを歩いてみよう！

$$\boxed{\qquad\qquad 歩} \times \boxed{① \qquad\qquad \text{m}} = \boxed{④ \qquad\qquad \text{m}}$$

※外側のコースと内側のコースではどれくらい違うのだろう？

$$\boxed{③ \qquad\qquad \text{m}} - \boxed{② \qquad\qquad \text{m}} = \boxed{\qquad\qquad \text{m}}$$

$$\boxed{④ \qquad\qquad \text{m}} - \boxed{③ \qquad\qquad \text{m}} = \boxed{\qquad\qquad \text{m}}$$

$$\boxed{④ \qquad\qquad \text{m}} - \boxed{② \qquad\qquad \text{m}} = \boxed{\qquad\qquad \text{m}}$$

裏面を使って後半の問題に挑戦しよう！

A.12　お湯の温度の変化を調べよう！ 数学科実験用紙 　(本文 P93 参照)

HRNO＿＿＿＿＿＿＿　氏名＿＿＿＿＿＿＿＿＿＿＿＿＿＿＿＿＿

時間 (分)	0	1	2	3	4	5	6	7	8	9	10
実験値 (℃)											

時間 (分)	11	12	13	14	15	16	17	18	19	20
実験値 (℃)										

実験の感想

A.13   座標空間

(本文 P100 参照)

座標空間

HRNO＿＿＿＿＿＿   氏名＿＿＿＿＿＿＿＿＿＿＿＿

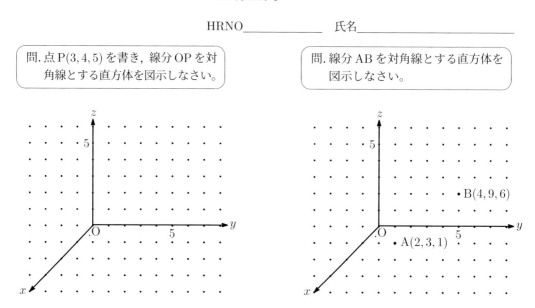

問. 点 P(3, 4, 5) を書き, 線分 OP を対角線とする直方体を図示しなさい。

問. 線分 AB を対角線とする直方体を図示しなさい。

(参考文献：新・高校数学外伝 日本評論社 1982 年)

A.14   激カラサンドイッチ取りゲーム

(本文 P40 参照)

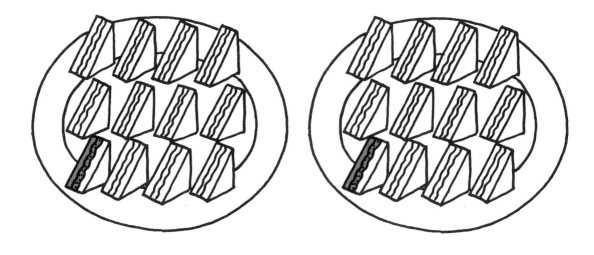

(画像引用：「秋山 仁の算数ぎらい大集合」1994 年 7 月 日本放送出版協会)

A.15　3面，6面コースター部品図

(本文 P113 参照)

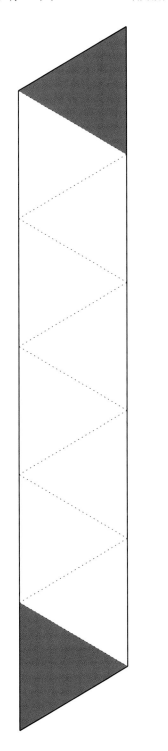

(参考文献：「NHK ワンダー数学ランド」 日本放送出版協会)

A.16   図形消滅マジック資料   (本文 P116 参照)

(画像引用：数学セミナー 1987 年 11 月号 P26)

A.17 悪魔のうちわ (DEVIL'S FAN) (本文 P117 参照)

(画像引用：数学セミナー 1991 年 7 月号 P6)

参考文献・画像引用先一覧

書名	出版年	出版社	参照頁
数学セミナー	1982年　 9月号	日本評論社	98
	1987年　11月号		116, 164
	1988年　 2月号		135
	1990年　 8月号		136
	1991年　 3月号		3
	1991年　 7月号		117, 165
	1992年　 9月号		143
	1996年　 9月号		6
	1997年　 6月号		108
	2000年　 1月号		53, 78
	2000年　 2月号		88
	2003年　 3月号		33
	2003年　 6月号		1
	2004年　 9月号		87
	2005年　 2月号		118
	2011年　 4月号		30
	2011年　10月号		118
	2012年　 6月号		10
	2014年　 1月号		141
	2019年　 4月号		37, 80
	2022年　 2月号		28
数学のたのしみ	1997年　 創刊号	日本評論社	112, 120
	1999年　 第14号		44
新・高校数学外伝	1982年	日本評論社	20, 38, 40 77, 100, 162
秋山 仁の算数ぎらい大集合	1994年　 7月	日本放送出版協会	25, 40 111, 144, 162
NHK ワンダー数学ランド	1998年　 8月	日本放送出版協会	115, 163
5分で楽しむ数学50話	2007年	岩波書店	32
無限をつかむ イアン・スチュアートの数学物語	2013年　 8月	近代科学社	49
Newton(別冊)	2015年　 4月号	ニュートンプレス	65
	2018年		126
聖なる幾何学	2008年	武田ランダムハウスジャパン	72
中学校数学指導事典	1982年	東京法令出版	22
数学基礎	2007年	東京書籍	54
新高校数学 I	1990年	実教出版	117
数の事典	1987年	東京図書	15
朝日新聞	2021年10月26日	朝日新聞社	124
毎日新聞	1988年 2月22日	毎日新聞社	122
静岡新聞	2023年 5月14日	静岡新聞社	125
週刊将棋	2012年10月10日号	毎日コミュニケーションズ	17
Wikipedia			25, 54, 85 92, 99, 111 115, 119
LaTeX2ε 美文書作成入門	2005年 3月 1日	技術評論社	

あとがき

　わずかな期間であったが校種を高校に変更して，日々の授業をするごとに気がついた教材をまとめてみました。自分の Web 頁には最新版があります。また資料はすべて PDF ファイルになっているので ICT 機器で表示できます。また教材によっては証明や考察もあります。例えば「消えたレプリコーン」は教材のみの紹介でしたが「数学フォーラム」と名付けた Web の頁には証明もあります。更新履歴を見ると変更点もわかるようになっています。この本はプロの数学教師に紹介する教材の本なので，この本の教材をヒントに自分で構想して授業で使用してくれればこれ以上の喜びはありません。最後に査読およびご意見を頂いた村梠 $_\text{T}$ に厚く感謝します。

　　　　Web-page : http://furano.uijin.com/index.html
　　　　　mail : furano@po2.across.or.jp

小澤　茂昌（おざわ　しげまさ）

・1959年1月静岡県島田市で生まれる。
・昭和57年（1982年）東京理科大学理学部応用数学科卒業後，静岡県公立中学校教諭に補される。（平成4年から3年間は静岡県立高等学校に勤務）
・平成7年（1995年）自作関数作図ソフト「わかる！関数！　Version1.2」が静岡県メディア教材自作コンクール入選。
・平成9年（1997年）前年の静岡市教職員研究論文優秀賞を発展させた論文「コンピュータを利用した関数指導〜自作教育ソフトを利用して〜」が「はごろも賞」を受賞。
・平成31年（2019年）定年退職を機に現場を高校に移し現在県立高等学校に在職中である。

元気が出る数学の授業
〜高校数学教材集〜

2023年12月31日　初版第1刷発行

著　　者　小澤茂昌
発行者　中田典昭
発行所　東京図書出版
発行発売　株式会社 リフレ出版
　　　　　〒112-0001　東京都文京区白山 5-4-1-2F
　　　　　電話 (03)6772-7906　FAX 0120-41-8080
印　刷　株式会社 ブレイン